星球课堂系列

和机器人李
一起探月球

李 飞◎著

黄欣婷◎绘

U0377370

人民邮电出版社

北 京

图书在版编目（ＣＩＰ）数据

和机器人李一起探月球 / 李飞著；黄欣婷绘. --
北京 ： 人民邮电出版社，2022.6
（星球课堂系列）
ISBN 978-7-115-58423-6

Ⅰ. ①和… Ⅱ. ①李… ②黄… Ⅲ. ①月球探索－青
少年读物 Ⅳ. ①V1-49

中国版本图书馆CIP数据核字（2022）第034758号

内 容 提 要

　　本书是星球课堂系列的第一册,以机器人李老师带着嫦小娥和猪小戒两名同学在星球课堂共同
学习的故事为主线,以漫画的形式生动地把月球探测相关的工程和科学知识介绍给读者。牛顿、哈
雷、伽利略、齐奥尔科夫斯基、戈达德等科学家也悉数登场,展现了人类探索宇宙奥秘的漫漫征途,
以及永不言败的科学探索精神。

　　本书内容硬核严谨,故事生动有趣,适合对月球探测工程和月球科学等感兴趣的小朋友、大朋
友和老朋友们阅读。

◆ 著　　　　李　飞

　　绘　　　　黄欣婷

　　责任编辑　刘盛平

　　责任印制　焦志炜

◆ 人民邮电出版社出版发行　　北京市丰台区成寿寺路 11 号
　　邮编　100164　电子邮件　315@ptpress.com.cn
　　网址　https://www.ptpress.com.cn
　　北京天宇星印刷厂印刷

◆ 开本：720×960　1/16
　　印张：16.75　　　　　　　　2022 年 6 月第 1 版
　　字数：318 千字　　　　　　　2024 年 8 月北京第 3 次印刷

定价：89.80 元

读者服务热线：(010)81055410　印装质量热线：(010)81055316
反盗版热线：(010)81055315
广告经营许可证：京东市监广登字 20170147 号

1969 年，美国宇航员阿姆斯特朗和奥尔德林乘坐阿波罗 11 号飞船登陆月球，人类第一次踏上地球以外的天体。与鱼类第一次爬上陆地、古猿第一次从树上下到地面生活一样，人类第一次登月的一幕注定载入史册。不一样的是，当时全球有超过 5 亿人通过电视见证了这一奇迹时刻。当时有人乐观地幻想着 21 世纪到来时的画面——星球间飞船往来穿梭，前往太阳系内任何一处"景区"的便捷程度和地球上乘坐火车去旅行无异。

50 多年过去了，白云苍狗，沧海桑田，科技呈现爆炸式的发展，但却偏离了最初的剧本。如果一个"阿波罗"的拥趸在 1969 年沉睡，在 21 世纪初醒来，他一定会被吓一跳，并对现在的人类发出灵魂拷问：这几十年你们都干了些啥？说好的星际旅行呢？说好的火星移民呢？说好的征服太阳系呢？连月球都上不去了？实际上，自 1976 年苏联的月球 24 号探测器从月球表面带回月球的土壤和岩石样本后，登月就成为 20 世纪的绝唱。曾认为会喧嚣无比的月球早已无人光顾。借用诗仙李白的一句唐诗来形容则更为贴切：白兔捣药秋复春，嫦娥孤栖与谁邻。

当然，我也可以劝慰这位航天事业的拥趸，事情的发展也没有那么悲观，人类探索宇宙的脚步并未停歇，只是由大踏步变成了小碎步，稳扎稳打成为当今航天发展的新态势。和阿波罗时代最大的不同是，中国于 21 世纪初加入了世界"月球俱乐部"。

虽然比美苏（俄罗斯）等航天强国足足晚了近 50 年，但中国航天科学规划，启动了嫦娥工程，制定了无人月球探测"绕、落、回"三步走的发展战略。

2007 年，嫦娥一号成功实现了中国的首次月球环绕探测。

2010 年，嫦娥二号对全月进行了高精度的成像。

2013 年，嫦娥三号成功实现了月球正面的着陆和巡视探测。

2018 年，嫦娥四号成功实现了人类首次月球背面的着陆和巡视探测。

2019 年，嫦娥五号成功实现了月球采样返回，取回了风暴洋的 1731 克月壤。至此，中国航天人"说到做到"，按期完成了"绕、落、回"三步走的目标。

不光是月球，我们行星探测的脚步也越来越快。2021 年，中国向火星进发，成为世界上第二个成功实现火星表面软着陆和巡视探测的国家。近 20 年间，中国的深空探测向前迈进了一大步，展望未来，中国一定可以和世界上的航天强国并驾齐驱。如果要给这段历史做评论的话，借用一句戏言：纵观世界风云，风景这边独好。

很多人都在思考中国的深空探测发展如此之快有何秘诀。我作为一名全过程的亲历者、见证者，可以做出回答。这并没有什么秘密，这是我国航天事业60多年来厚积薄发的结果，是我国科技实力的综合体现，是背后一代又一代科技工作者、几千家参研单位奋勇拼搏，践行航天精神的智慧与勇气的结晶。

中国航天在60多年的发展过程中已经建立了自己的专业航天工程师队伍和科学家团队，他们不光奋战在实验室里，还以航天工作者的亲身工作体验和感悟向青少年普及航天知识。这既贯彻了习近平总书记"科技创新、科学普及是实现创新发展的两翼"的科技创新思想，也体现了我国航天人的社会责任感，具有重要的现实意义。

星球课堂系列是我国一线深空探测器的设计师历经多年策划，以大量原创的漫画、诙谐有趣的故事、硬核的航天知识结集而成的。本书作者李飞同志，多年来深度参与了我国深空探测的各项任务，且成绩显著。目前，他作为总体主任设计师承担着一项重大任务的研制工作。我作为工程总师，他作为我的助理，也在参与一项重大国际空间科学探测的合作项目。在完成各项任务的同时，他及团队的一些同志，结合嫦娥任务、天问一号任务都制作、发布了不少科普作品，在媒体上广为传播，效果很好，反响热烈。我也曾做过一个院士课题"如何结合硬科技讲好航天科普"，李飞同志为这个研究项目出力颇多，并参与制作了示范性的科普短片。读者可以在书中看到作者的影子，并随着书中的机器人李、嫦小娥和猪小戒三位主人公从地球飞向月球、飞向火星、飞向小天体，共同穿越人类深空探测的发展历史，学习火箭、卫星和探测器等方面的航天知识，探寻太阳系的科学奥秘，了解深空探测任务，特别是中国的"嫦娥""天问"等背后的有趣故事。本书定会让你手不释卷、获益匪浅。

世界航天发展的大势如潮水般有涨有落，我们是选择在岸上观望，看着别人在弄潮，还是成为一名水手，踏上船板，升起属于我们自己的旗帜，驶向未知的海域？我想答案一定是后者。希望再过50年、100年，阿波罗时代的畅想能够真正地成为现实的景象。

中国科学院院士
嫦娥一号卫星系统总指挥、总设计师
"人民科学家"国家荣誉称号获得者
2021年12月

我是一名普普通通的航天器设计师。我从事的工作在很多人眼里非常神秘，有时也会给人带来一些误解。先给大家讲两个小故事。

故事一：一位朋友得知我是嫦娥三号月球探测器的设计师时，他兴奋地说：你上去了吗？这一下给我弄蒙了，我说，上哪去？他说，月球啊！我哭笑不得。

故事二：嫦娥四号获得了月球背面诸多探测成果，而很多人常常会问起在月球背面有没有看到外星人。

其实，这个问题不必问我，只要有基本的航天知识就可以判断真伪。从1959年苏联的月球3号开始，包括中国的嫦娥二号在内的多颗月球卫星早就把全月拍了个真真切切。如果几十米高的威震天在背面悄悄活动，科学家早就从月球卫星图片中看到了。

故事虽小，以小见大。我逐渐认识到，航天工作者眼中的航天和外人眼中的航天是不一样的。尽管人们经常可以从电视上、网络上看到许多关于航天的新闻报道，但似乎只停留在获取消息的层面。如果你去网上搜索航天知识，大量的如"月球背面的外星人基地""阿波罗11号登月是真的吗""火星上的人脸"等内容充斥着屏幕，真真假假、似是而非的伪科普文让人眼花缭乱。那种感觉有点像一个初级古玩爱好者走进了潘家园，要想找到货真价实的"宝贝"，还得下一番苦功夫才行。

作为一名长期工作在我国深空探测一线的航天工作者，这十多年来，我每天都和"嫦娥""天问"朝夕相处。我非常想把我的"毕生所学"写成一套"武功秘籍"，送给每一位感兴趣的朋友，特别是献给"早晨八九点钟的太阳"。通过这本书，给他们讲述从苏联的月球1号到中国的嫦娥五号等月球探测器一步步的演进过程，给他们讲述从美苏激烈的太空竞赛到中国的天问一号一步实现"绕、着、巡"这看似不可能完成任务背后的故事，给他们讲述着陆器着陆月球和飞机降落在机场到底有什么区别，给他们讲述中国航天发展的秘诀。

但当我真的动起笔时，却发现不是那么回事。虽然都有个"科"字，但科普和科技存在很大的差别，从一名工程师到科普作家的角色转换并非易事。科技论文报告，需要严密的逻辑、翔实的数据、清晰的结果，只需业内人士看懂即可；而科普则需要在此基础上，尽可能摒弃专业术语，少用甚至不用公式，用通俗的语言把一个个复杂抽象的科学或者工程原理讲述清楚。更高的要求是可以把知识融入人类大脑更愿意接受的形式——故事当中。因此对科普作家来说，既要有科学的头脑，更要有作家的语言——如果有喜剧作家或者侦探小说作家的语言就更好了。

在创作初期，我尝试采用纯文字来讲清楚航天知识。我想起唐代那个每写完一首诗就拿去给老婆婆分享的白居易，于是一些同学、朋友成为我的第一批读者。他们读后纷纷发出由衷的"赞许"——这写的什么破玩意儿。我只好安慰自己：大侠，请重新来过！

通过不断尝试，突然有一天，我想到为什么不用青少年喜爱的漫画作为载体，通过三个主人公（机器人李老师和嫦小娥、猪小戒两名同学）的故事，来潜移默化地"播种"航天知识呢？让我从头学习漫画肯定是来不及了，于是寻找一名志同道合的漫画家成了新的挑战。经过苦苦的寻找，无数次的碰壁，我发现了一个残酷的事实：好的漫画家可遇不可求，找到一个愿意牺牲自己赚大钱的时间来和我这个"愣头青"合作的优秀漫画家更是如同大海捞针。

幸运的是，一个偶然的机会，我找到了和航天有着极深渊源的漫画家黄欣婷老师。我把书稿发给了她，向她发出了邀请。她表示用画笔来讲述航天的故事也是她的一个梦想。同时，和航天同样有缘的人民邮电出版社的编辑刘盛平老师找到了我，愿意当这本书的编辑，共同出谋划策，更好地把这本书推向读者。至此，本书的核心创作小组正式完成了组建。

万事俱备，不能摸鱼。为了让这本书早日面世，我白天干科技工作，参数、指标、公式，一丝不苟；晚上从事科普工作，易读、诙谐、硬核，一个不少。两个工作多数时候相得益彰，偶尔也会让我略微"精神分裂"。不过这还不是最难的，最痛苦的感觉是书到用时方恨少，写着写着就觉得自己的知识还是太有限，只能边学边写、边写边学。

作者水平有限，本书能够得以付梓离不开各方的支持。航天五院总体设计部"宇宙速度"科普协会的田岱、倪彦硕和李炯卉等参与了本书的编写，郭睿、肖思佳对本书贡献了极佳的创意，温博对本书进行了校对；朱丽雅同学参与了漫画的绘制，在此深表感谢！同时，也向指导过我的领导、同事、朋友表示感谢，他们为本书提供了无私的帮助。

最后，向所有想了解航天、关注航天、热爱航天，特别是对中国的嫦娥工程、行星探测工程好奇的小朋友、大朋友和老朋友们说一声，年龄不是问题，背景不是差距，只要你有一颗好奇的心，那么就赶紧乘上飞船，随着机器人李、嫦小娥和猪小戒的步伐，共同前往月球、火星、小行星探秘吧！

李飞
于北京航天城
2021 年 9 月

目录

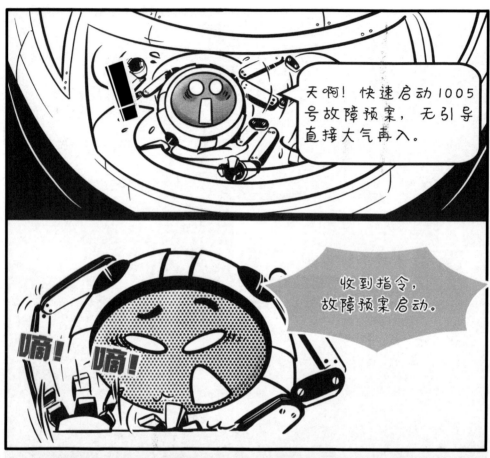

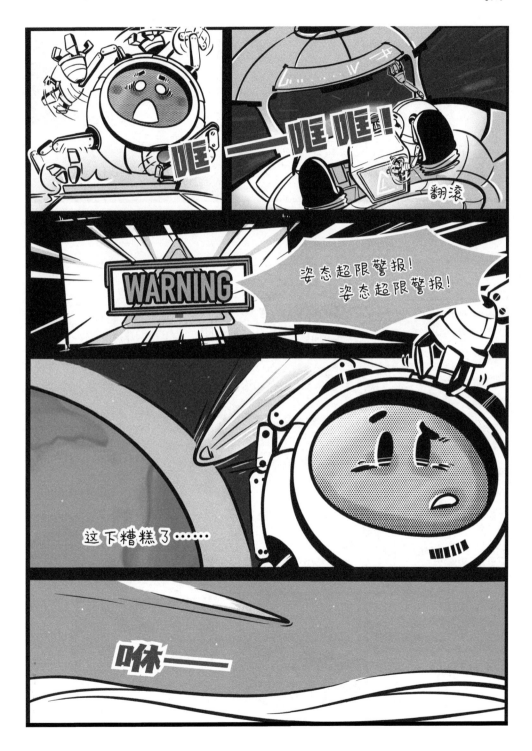

1. 神奇课堂

和机器人李一起探月球

14

和机器人李一起探月球

16

喂!

啊?

这位小姑娘,报兴趣班吗?

我的航天知识课堂保证让你们上课不瞌睡，走起！

好黑啊！

这里什么都没有，怎么上课？

嘿嘿，这间教室什么都没有……

但是也什么都有，大家找找看！

这间教室配备了最先进的VR（虚拟现实）设备，无论是世界各地，还是过去今天，只需大声说出目的地……

刚才的跳高冠军实际上……

嘿!

为什么我在月球上能跳这么高?

以相同的初速度起跳，能跳到的最高高度与所在星球表面的重力加速度成反比，即重力加速度越大，高度越低，而星球表面重力加速度与星球的质量成正比，和半径的平方成反比。

月球的重力加速度是地球的1/6，所以人在月球跳高的高度是在地球的6倍。猪小戒在地球上能跳50厘米，那么在月球上就能跳3米。

地球直径 = 月球直径 ×3.7
地球质量 = 月球质量 ×81

月球真有趣呀!

就是天花板有点矮……

29

月球是距离地球最近的天体，自然成为人类了解宇宙的第一站。

这里有两道车辙？

哈哈，看来外星人要找到了！

让我来鉴别一下。

嫦娥四号着陆器	嫦娥四号巡视器（玉兔二号）
国籍：中国 发射时间：2018 年 12 月 8 日 体重：3640kg 特长：可平稳自主着陆于月球崎岖表面	国籍：中国 发射时间：2018 年 12 月 8 日 体重：140kg 特长：6 轮驱动，月面行驶最大速度200 米／时

这是中国的嫦娥四号探测器，也是人类首个着陆于月球背面的探测器。

请叫我"跑得稳的小玉兔"！

此处有掌声！

2. 飞向月球的 N 种方法

月球是人类探索未知宇宙的第一站。来自不同国家、不同文化、不同时代的人们都对月球充满了好奇，并且不断地去想象、去观察、去探索，但对她的认知仍然非常有限。

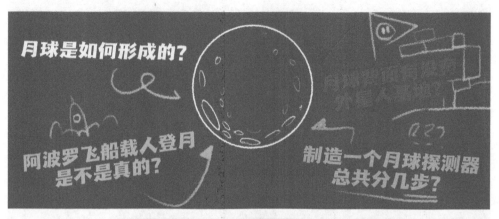

从今天起，我将带着嫦小娥和猪小戒同学开启一场"月之旅"，去揭开月球的奥秘。

第一课先来讲一讲如何去圆人类自古以来的九天揽月之梦——飞向月球的 N 种方法。

第一种　投掷法

几十万年前一个平平无奇的夜晚，一个刚吃完晚饭的智人突然冒出个惊世骇俗的想法：夜空中那个明亮的东西到底是啥？

（以上画面纯属虚构）

想破了头也想不明白的智人最后愤怒地拿起兽骨投向她。最终兽骨还是落回地面，人类第一次"探月"的尝试失败了。

不知过了多少年，人类开始对谜一般的月球顶礼膜拜，她开始成为原始社会自然崇拜的重要对象。

嫦娥应悔偷灵药，
碧海青天夜夜心。
唐·李商隐《嫦娥》

第二种 吃药法

古人对月球充满了浪漫的想象。我国西汉的"百科全书"《淮南子》中记载了"嫦娥奔月"的故事。

后羿之妻嫦娥独自偷服了西王母的长生不老药，飞升到了月球上，最后定居在冷清的广寒宫，唯有与玉兔和桂树相伴。

在早期的记载中，嫦娥飞到月球上变成了一只蟾蜍，也就是癞蛤蟆。后人可能觉得这样对仙子太过残酷，于是嫦娥依然美丽，不过"蟾宫"代指月宫的说法保留至今。大家知道成语"蟾宫折桂"是什么意思吗？

玉兔蟾蜍

第三种 爆竹法

明朝的官员万户（本名陶成道）想飞升上天，他手执两个巨大的风筝，把自己绑在一把装有47枚"火箭"的椅子上。

这些火箭就是黑火药制成的爆竹。

我的名字将被写进课本！

火箭点燃后爆炸，万户献出了生命。他被誉为人类火箭"飞行"第一人，也是为人类飞行事业牺牲的第一人。

但是，这段记载最早只能追溯至1909年美国的科普杂志《科学美国人》，至今尚未在中国的史料中发现，因此其真实性存疑，我们姑且听之。

第四种 魔豆法

国外的很多文学作品都对通往月球之路发挥了极大的想象。德国童话《吹牛大王历险记》中，闵希豪森（Münchhausens）男爵种的魔豆长成了高入云霄的豆蔓，他顺着这条"天梯"一直爬上了月球。

说句题外话，医学界将一种假装生病博取同情的精神疾病以闵希豪森的名字命名，通常译为"孟乔森综合征"。由此可见这种奔月之法是多么不着边际。

第五种　大炮法

1902 年，史上第一部科幻电影《月球旅行记》诞生了。它改编自法国科幻小说巨匠凡尔纳的《从地球到月球》和英国小说家威尔斯的《第一个到达月球上的人》。

让我们一起看一部老电影吧！

啊？！
黑白无声电影，还真够老的。

这只是小说家的想象。但这些科幻电影和小说如同魔法种子，深深根植在那一代儿童的心中。

人类最早是乘坐大炮飞到月球的吗？

在这部只有 14 分钟的电影中，6 名科学家建造了一个子弹形的太空舱，装入一台巨大无比的大炮中。大炮将太空舱和科学家送上了月球。

这些方法一个比一个不靠谱，前辈们都靠脑洞探月啊？

前面这些方法都是人类的梦想，而科学的力量终于让梦想成真，现在把时钟拨到 20 世纪 50 年代。

第二次世界大战（简称二战）以后，苏联和美国开展了太空竞赛，首先相继使用现代火箭发射了人造地球卫星，接着又同时把目光聚焦在远离地球 38 万千米的月球。

第六种　火箭法之一太空竞赛

硬核知识

现代火箭来源于二战时的导弹技术，本质上是利用燃烧自身携带的推进剂而产生强大推力的运载工具，它所产生的推力能将自身加速直到克服或摆脱地球的引力。

目前人类所有的月球探测，都是通过火箭将月球探测器或者载人飞船送入飞向月球的轨道。

那美国和苏联谁赢了呢？

苏联
1959 年 1 月 2 日
拜科努尔发射场

世界上第一个月球探测器是苏联的月球1号，它从月球旁边擦身而过。

没有碰到月球，也算成功探测吗？

月球1号（Luna 1）与月球"擦肩而过"并遥遥相望的探测形式叫作"飞掠"。月球1号首次发现月球没有磁场，并探测了地球与月球之间的空间环境，可以说取得了成功。

硬核知识

由于相对简单，因此早期的无人月球探测形式通常以飞掠为主；随着航天技术的成熟和对月球特性的深入了解，无人月球探测形式逐渐过渡到环绕、着陆和巡视，直至难度最大的采样返回。

苏联乘胜追击，发射了一系列以"月球"（Luna）命名的探测器；而此时的美国，无人月球探测却接连失败。

在十年之内美国要把人类送到月球上去，并让他安全返回地球！

1961 年 5 月 25 日，肯尼迪总统发表著名的演说，宣布了阿波罗（Apollo）载人登月计划，这标志着历史上最宏大的登月工程正式拉开大幕。

为了给载人登月做准备，美国先后发射了月球软着陆探测器和环绕卫星。苏联当然不能等闲视之，通过月球 9 号（Luna 9）和月球 10 号（Luna 10）抢在美国前面，实现了人类首次月球软着陆和环绕探测。

美国
月球轨道卫星
1 号

苏联
月球 10 号
(Luna 10)

苏联
月球 9 号
(Luna 9)

美国
勘测者 1 号
(Surveyor 1)

经过充分的准备，美国厚积薄发，终于上演了逆袭的励志大片。

1969 年 7 月 20 日，阿波罗 11 号（Apollo 11）着陆在月球表面，美国宇航员阿姆斯特朗实现人类首次月面行走。

阿波罗计划自 1961 年至 1972 年，历时约 11 年，成功实现 6 次载人登月，共有 12 名宇航员登上了月球。

那开始一直领先的苏联没有载人登月吗?

苏联为载人登月也做了大量的工作,但由于各种原因,最终月球上还是没有出现苏联人的身影。但苏联的无人月球探测继续进行,并创造了多项世界第一。

一直到 1976 年,苏联的月球 24 号(Luna 24)成功地第三次从月球表面带回了月球的土壤和岩石样本,给苏联时期的探月之路画上了一个休止符,也成了美苏太空竞赛的绝唱。

月球上又恢复了平静,一如从没有人来过一样。

一直到 1990 年，"月球俱乐部"的第三个成员日本发射了飞天号（Hiten）探测器，再续探月前缘。

4 年后，美国的克莱门汀号（Clementine）探测器意外发现月球的南极可能有水，从而激发了探月的第二个高潮。在第二次探月竞赛中，除了美国以外，中国、日本、欧洲、印度等也纷纷加入到探月的队伍中来，俄罗斯（苏联）却掉队了。

纵观人类探月活动的发展历程，可以把人类探索月球、开发和利用月球的活动划分为"探、登、驻（住）"三个阶段。针对"探"月这一阶段，中国在 2004 年提出了自己的"绕、落、回"三步走战略，并命名为**"嫦娥工程"**。

探、登、驻（住）

"探"——对月球进行无人探测；

"登"——航天员登上月球；

"驻（住）"——一方面指航天员在月球短期驻留进行探测，另一方面指在月球上建立月球基地，人类在月球上长期居住和工作。

绕、落、回

在 2020 年前，中国以"探"为目标，即开展月球无人探测为主，分为三期实施：

"绕"——环绕月球探测；

"落"——月面软着陆探测与巡视勘察；

"回"——月面自动采样返回地球。

中国迄今共实施了 6 次月球探测任务，每次都获得了圆满成功，实现了"六战六捷"。

嫦娥一号、嫦娥二号成功实现了绕月飞行，嫦娥三号软着陆在月球的正面并实现月面巡视，嫦娥四号更是实现人类首次探访月球背面，嫦娥五号实现月球采样返回。中国将人类探月的接力棒攥在手里，开始引领新一轮的人类探月之路。

太棒了！

给中国航天点赞！

给中国的航天人点赞！

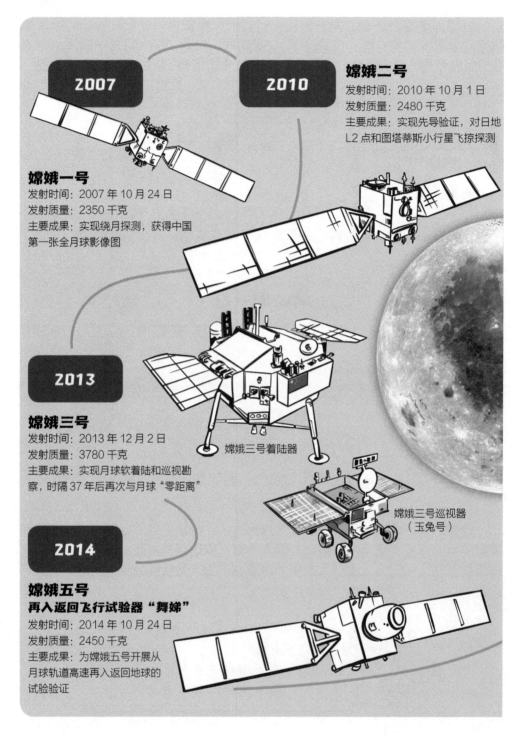

2007

嫦娥一号
发射时间：2007 年 10 月 24 日
发射质量：2350 千克
主要成果：实现绕月探测，获得中国
第一张全月球影像图

2010

嫦娥二号
发射时间：2010 年 10 月 1 日
发射质量：2480 千克
主要成果：实现先导验证，对日地
L2 点和图塔蒂斯小行星飞掠探测

2013

嫦娥三号
发射时间：2013 年 12 月 2 日
发射质量：3780 千克
主要成果：实现月球软着陆和巡视勘
察，时隔 37 年后再次与月球"零距离"

嫦娥三号着陆器

嫦娥三号巡视器
（玉兔号）

2014

嫦娥五号
再入返回飞行试验器"舞娣"
发射时间：2014 年 10 月 24 日
发射质量：2450 千克
主要成果：为嫦娥五号开展从
月球轨道高速再入返回地球的
试验验证

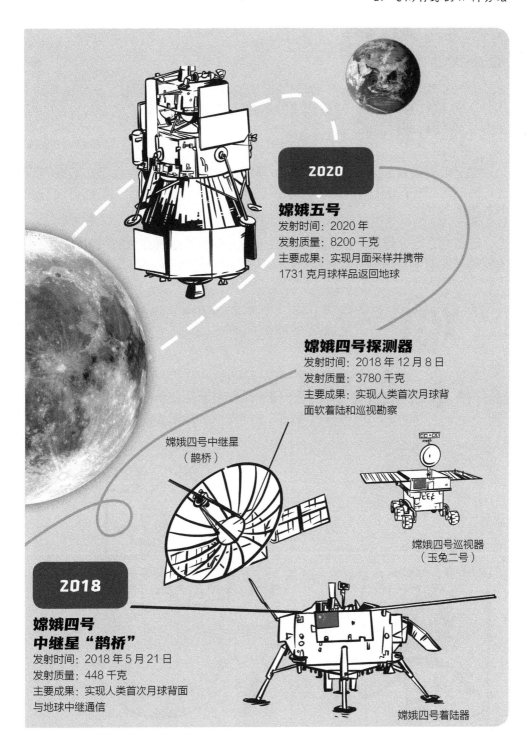

2020

嫦娥五号
发射时间：2020 年
发射质量：8200 千克
主要成果：实现月面采样并携带
1731 克月球样品返回地球

嫦娥四号探测器
发射时间：2018 年 12 月 8 日
发射质量：3780 千克
主要成果：实现人类首次月球背
面软着陆和巡视勘察

嫦娥四号中继星
（鹊桥）

嫦娥四号巡视器
（玉兔二号）

2018

**嫦娥四号
中继星"鹊桥"**
发射时间：2018 年 5 月 21 日
发射质量：448 千克
主要成果：实现人类首次月球背面
与地球中继通信

嫦娥四号着陆器

第七种 电梯法

英国科幻小说家亚瑟·克拉克在《天堂的喷泉》中设想了能够将人和货物极其廉价地送入太空的电梯。

太空电梯和普通电梯的原理相似：采用长长的缆索，一端固定在地球赤道上，另一端固定在运行于地球静止轨道的大型卫星或空间站上，电梯可沿缆索上下运动。

制造太空电梯最大的挑战在于超轻、超高强度的电梯缆索的研制，而如今工程师发现纳米管材料可以胜任，因此太空电梯在未来有望从科幻走向现实。

 为了飞向月球，需要在地球和月球静止轨道上各建造一部太空电梯。

在地球上，人员或货物通过太空电梯从地面运送到静止轨道的空间站里，然后再乘坐飞船从空间站飞向月球；到达月球附近后，飞船与位于月球静止轨道的空间站对接，人员或货物再通过太空电梯抵达月球表面。

小戒穿西装挺帅嘛，哈哈！

方便快捷
电梯入户

第八种 激光推进法

传说古希腊哲学家阿基米德利用镜子将太阳光反射到入侵的罗马舰船的船帆上，聚焦的太阳光能量导致船帆燃烧，从而击退了敌人。

这种远距离利用能量的方法也可用于航天的推进系统，但使用的不是太阳光而是激光，因为激光具有能量集中、方向性强的特点。

在地面上安装大功率的激光器，从远距离将激光射入探测器的推力器中，在大气层中可以燃烧空气，在大气层外燃烧推力器中的燃料，空气或燃料爆炸产生的反冲力就能推动探测器前进。

采用激光推进法，探测器可大大减少推进系统，不用携带或较少携带推进剂，因此可以提高探测器上装载科学仪器的比重。

第九种 太阳帆推进法

问大家一个问题，在宇宙里可以放风筝吗？

风筝飞上天空靠的是风的升力，宇宙里没有空气，也就无法形成风，那怎么放风筝呢？

宇宙里放的风筝叫作"太阳帆"，靠的是太阳光的光压。

　　光虽然没有质量，但是组成光的每个光子都有一定的动量。当光子撞在太阳帆上被吸收时，按照动量守恒原理，太阳帆就会获得额外的动量。虽然太阳帆获得的推力很小，但是太阳光可以认为是取之不尽的，所以太阳帆通过不断加速也可获得较大的速度。

不过，太阳光的光压还不够"给力"，太阳帆的升级版就要借地球上的大功率激光阵列发射的"东风"。

在英国著名物理学家霍金提出的"突破摄星"计划中，几克的纳米飞船飞向距地球约4.22光年的半人马座比邻星，所采用的方法本质上就是"激光推进法"+"太阳帆推进法"的组合。

反物质是一种和正常物质的质量完全相同、但电荷相反的物质。当反物质和正常物质碰撞时，就会发生湮灭，正反物质的质量将全部转化为能量。在目前已知的所有物理反应中，这是效率最高的能量转换。

第十种 反物质法

电影《星际迷航》（Star Trek）中进取号（Enterprise）飞船在宇宙中飞行所使用的能量来源就是反物质。

坐上进取号飞船，飞到月球就是分分钟，不，就是一眨眼的工夫啊！

可是，现实距离科幻还有很大很大的差距。在实验室中通过粒子加速器产生反物质，存在时间极其短暂，数量微乎其微，仅能让一盏 100 瓦的灯泡点亮 5 分钟。

这点能量别说月球了，恐怕连二楼都上不去。

飞向月球的方法还有电磁弹射、核动力火箭、无工质微波推进、马赫效应推进、空间曲率法等，这里就不一一介绍了。

老师，我还有个好办法？

说来听听。

小戒，你顺着这个光柱爬上去就可以到月球了。

我才不傻呢，你一关开关，我不就掉下来了。

好吧，玩笑就开到这。尽管方法不胜枚举，但唯有探测器乘坐火箭飞上月球才最为靠谱。这节课我们开个头，探月路上既充满荆棘，也趣事多多，后续慢慢道来，下节课再见！

考试不考的冷知识

19世纪著名科幻小说作家儒勒·凡尔纳的《从地球到月球》是一部神奇的作品，书中描写了美国南北战争后的一群大炮发明家试图发射一枚载人的炮弹飞到月球上的故事。

其实地球到月球之间本没有路，走的人多了，也便成了路。

这部小说最早由鲁迅先生译为《月界旅行》引入中国。他高度评价这部科幻小说"经以科学，纬以人情"。

在小说发表约100年后，美国成功地实现人类首次载人登月。

后来人们发现小说中载人的炮弹和阿波罗11号在很多方面都惊人地相似。

这本书真是神预言啊！

都包括三名乘员

都在太平洋进行回收

都使用制动火箭用于降落

都从佛罗里达州中部发射

佛罗里达州和得克萨斯州都试图争抢任务

航天器的尺寸大致相同

乘员在发射时都被固定在座椅上

炮弹和阿波罗 11 号分别被命名为 Columbiad 和 Columbia

都通过碳酸钾吸收二氧化碳进行空气循环

大炮和阿波罗 11 号上分别有一个名叫 Ardan 和 Aldin 的乘员

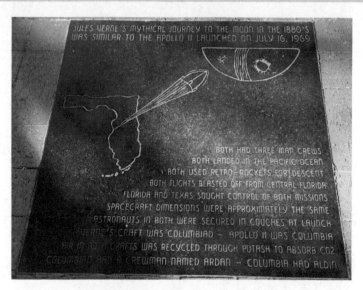

美国佛罗里达州肯尼迪航天发射中心附近
泰特斯维尔公园（Space View Park）的地面雕刻

这些故事是人类祖先对于自然的想象。

老师您不要戳我啦!

而科学家们则根据对月球观测和探测结果,给出了多种假说。

A. 双星说

B. 共振潮汐分裂说

C. 捕获说

D. 大碰撞分裂说

双星说

太阳系形成之初是一团星云，在太阳星云凝聚过程中，在同一区域分别形成地球和月球，月球被地球捕获后围绕地球转动。

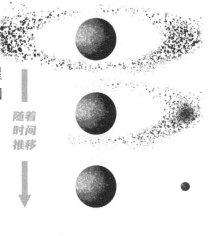

随着时间推移

共振潮汐分裂说

My son（我儿子）
good job（干得漂亮）

天文学家
乔治·达尔文

进化论的提出者
查尔斯·达尔文

天文学家乔治·达尔文认为：

地球初始时呈熔融状态，赤道面上一部分熔体分裂出去，冷凝后形成月球。太平洋就是地球分裂出月球后的巨大"伤疤"。

随着时间推移

嫁出去的女儿，泼出去的水啊！

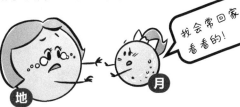

我会常回家看看的！

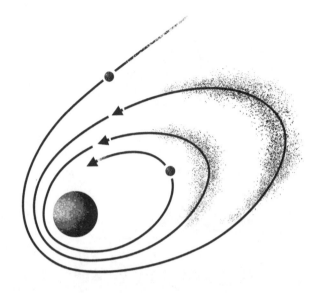

地球和月球由不属于同一星云的物质形成。外来的月球在飞过地球时被地球的引力捕获，最终成为地球的卫星。

45 亿年前，一颗名为忒伊亚的行星撞击了诞生之初的地球。撞击产生的碎片升起，环绕地球运行，最终在引力作用下聚集到一起，形成了月球。

这几个选项到底选啥呢？

科学的探索其实和大侦探破案一样，都需要讲究证据。因此，在航天时代来临后，探月的不断发展使人类对月球的认知突飞猛进，那些与科学成果最吻合的假设就越接近真相。

真相只有一个！

李尔摩斯

小娥·马普尔

柯南小戒

 双星说
大探查

如果地球和月球来自同一个娘胎（在太阳星云的同一区域诞生），那么二者应该非常像。

但是月球的密度远远小于地球，主要是月球的铁质内核比地球小很多，也就是"缺铁"。

同样是姐妹，差距咋就这么大呢？

因此二者不可能是姐妹。"双星说"不成立。

B 共振潮汐分裂说大探查

直到 20 世纪 60 年代,"共振潮汐分裂说"一直是课本里月球成因的标准答案。

但在阿波罗飞船从月球取回样品后,科学家们把太平洋底部地壳和月球样品从年龄和成分上进行了对比,不能说完全一致,只能说毫不相干……

太平洋底部地壳

年龄不超过 **2** 亿年

太平洋上的浪花

月球年龄约 **45** 亿年

月

你不是我的骨肉啊?

月球成分 ≠ 太平洋底部地壳成分

此外,根据角动量守恒定律(不懂也没关系),分裂前的地球自转一圈大约为 4 小时,但这个自转速度无法将月球"甩"出去;如果要把月球甩出去,则分裂前地球的自转速度要大大加快,即彼时地球的角动量至少是现今地球和月球角动量之和的 4 倍,这就违背了角动量守恒定律。这也是"共振潮汐分裂说"错误的原因之一。

地球与月球

直径比约为 4 : 1
质量比约为 81 : 1

地球和月球这种行星和卫星的质量关系在太阳系中绝无仅有，其他行星和卫星差距没有如此之小。

木星与木卫三

直径比约为 271 : 1
质量比约为 10000 : 1

土星与土卫六

直径比约为 23 : 1
质量比约为 4000 : 1

海王星与海卫一

直径比约为 10 : 1
质量比约为 775 : 1

距离太远捕捉不到

距离太近会撞上

地球通过自身引力捕获路过如月球这么大的天体作为卫星是非常困难的。

此外，一条致命证据被提出来——地球和月球有几乎相同的氧同位素比值。氧有三种不同的同位素①：氧-16、氧-17和氧-18，太阳系不同位置处这三种氧同位素比值是不同的，如果月球和地球不是一家人，那么为什么又会如此相像呢？

① 同位素。物质由不同元素组成，而元素由质子和中子组成。具有相同质子数、不同中子数的同一元素的不同核素互称为同位素。例如，自然界中的氧元素包括 3 种同位素，分别是氧 -16、氧 -17 和氧 -18，它们的质子数都是 8 个，但中子数分别为 8 个、9 个和 10 个。

和机器人李一起探月球

大碰撞分裂说可以合理地解释地月系统的基本特征：

- ✓ 地球自转轴倾斜与自转加速；
- ✓ 月球轨道与地球赤道面不一致；
- ✓ 月球是太阳系中唯一与主行星质量比为 1/81 的卫星；
- ✓ 月球富含难熔元素而匮乏挥发性元素和亲铁元素；
- ✓ 月球的密度比地球低；
- ✓ 月球形成初期产生过广泛熔融；
- ✓ 月球存在过岩浆洋。

大碰撞分裂说是当今较为合理、较为成熟的月球起源学说，获得了大多数学者的支持。

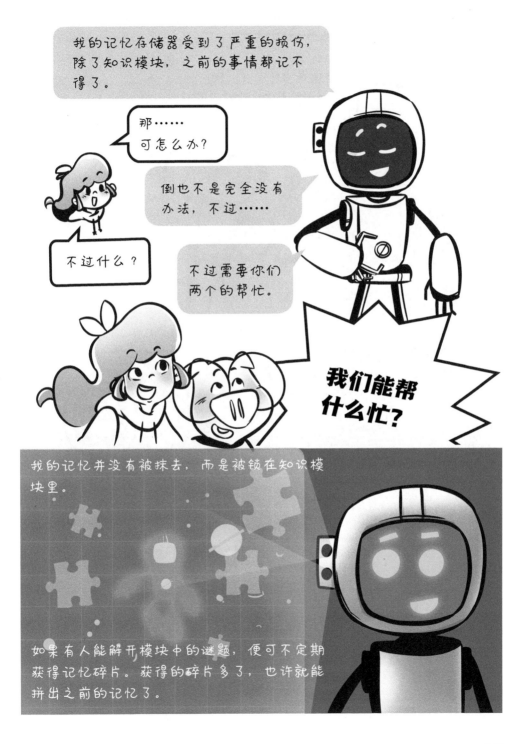

我的记忆存储器受到了严重的损伤，除了知识模块，之前的事情都记不得了。

那……可怎么办？

倒也不是完全没有办法，不过……

不过什么？

不过需要你们两个的帮忙。

我们能帮什么忙？

我的记忆并没有被抹去，而是被锁在知识模块里。

如果有人能解开模块中的谜题，便可不定期获得记忆碎片。获得的碎片多了，也许就能拼出之前的记忆了。

答案

虽然月球最有可能是由忒伊亚撞击地球而形成，但是地球表面同月球表面已经大相径庭。因此在地球上可以通过下面两个方法找到月球样本。

(1) 守株待兔法。当小天体撞击月球表面时，表面物质的喷射可以飞离月球进入太空里，其中一部分为地球所捕获并降落到地球上。

(2) 主动出击法。发射无人或者载人的探测器着陆到月球表面并实施采样，然后将月球样品再送回地球。苏联的无人月球采样返回、美国的阿波罗载人登月任务以及中国的嫦娥五号任务，都实现了将月球样品送回地球。

和机器人李一起探月球

前面说到，在飞向月球的 N 种方法中，目前唯一可行的方法就是使用火箭，可是这个答案又会引出更多未解的谜题。

要回答这些问题，需要回溯到几百年前；而且光靠我一个人还不够，还需请出历史上诸多重量级"嘉宾"共同为大家解惑。

在本节课的嘉宾出场前，我先卖个关子，看看大家能不能猜出来他是谁。

他时而在巨人的肩上眺望，时而在海边拾贝壳，他和苹果的故事世世代代流传，想到他就会想起苹果，吃苹果时就会想起他。

他就是——

亚当

白雪公主

乔布斯

70

以上人员均与本文无关

某高空坠物受害者
牛顿爵士

欢迎牛顿爵士的到来, 故事还要从 1666 年说起, 那时的牛顿还很年轻。

此时, 在世界的东方, 大清的康熙皇帝还活在鳌拜的阴影下。

康熙

鳌拜

而在世界的西方, 23 岁的大学生牛顿为了躲避黑死病从剑桥跑回乡下。

超级学霸自然不能虚度光阴, 他依然全身心地扎在科研里。就在这一年, 他发明了微积分, 将可见光分解为单色光, 发现了万有引力定律。

微积分

Calculus

可见光

万有引力

他凭一己之力在数学、光学和力学三个领域都做出了开创性的贡献，历史学家将这一年称为——

"奇迹年"

按理说，牛顿破解了上帝的秘密，世界在那一刻开始不同，世人应该为万有引力定律而疯狂。

然而，并没有……

因为牛顿同学有个怪癖，对发表成果一事，不！愿！意！

无巧不成书，就在此时，牛顿后来的挚友——天文学家哈雷恰逢其时地走上了历史舞台。

就不告诉你！
就不告诉你！
我有多少秘密！

不是这个
哈雷

1683 年，三位英国皇家学会院士哈雷、胡克和雷恩一起在伦敦吃饭，雷恩跟二人打赌：谁能解释为什么行星围绕太阳的轨道是椭圆形的，他愿意奖励 40 先令（相当于教授半个月的薪水）。

哈雷专程来到剑桥大学向牛顿请教。

牛哥，如果太阳引力与行星离太阳距离的平方成反比，行星运行的轨道会是什么样的？

哈弟，是椭圆，我算过。

哈弟，找不着了。

哈弟说写我就写。

牛哥，给我看看计算过程吧。

科学家不带这么玩人的！牛哥，您倒是写啊！

在哈雷的敦促之下，牛顿答应再算一遍。牛顿是个说话算数的人，4 年后，小小的推演变成了 3 卷本的巨著《自然哲学的数学原理》（简称《原理》）。

由于英国皇家学会刚出版了一本《鱼类的历史》，赔个底儿掉，没有经费再出版《原理》。更悲催的是，皇家学会也无力支付给哈雷工资，居然用《鱼类的历史》这本书寄给他作为薪水。

哈雷没有被生活打倒，他东拼西凑，硬是自费让《原理》最终问世。

正所谓助人即助己，哈雷根据《原理》中的定律推测出，历史上在 1456 年、1531 年和 1682 年观测到的彗星应是同一颗彗星，周期为 76 年，并预测出它将于 1758 年再次经过地球。

在哈雷去世的 17 年后，那颗彗星如约而至，它就是现在人所共知的哈雷彗星。

我们回到主题。

《原理》一出，谁与争锋，霎时间江湖上"天雨粟，鬼神哭"。

气氛渲染得这么可怕，书中到底写了点啥？

《原理》总结了力学三大定律和万有引力定律，从此揭示了潮水涨落、日月星辰运行的奥秘。

这些也许今天看起来都是中学生耳熟能详的基本物理常识，但是在牛顿最终系统化地提出之前，却经历了历史上如璀璨繁星的科学家们近 2000 年的不断摸索与推进。

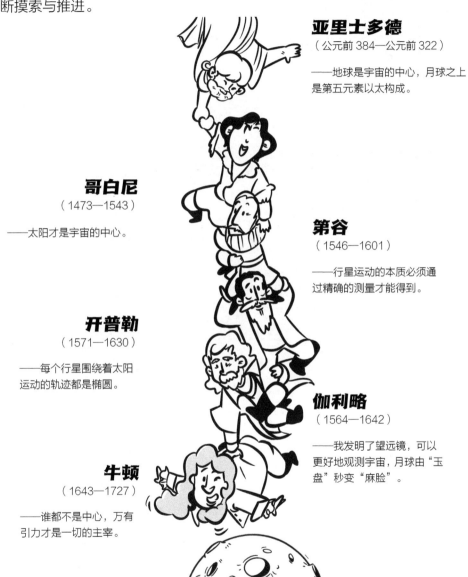

亚里士多德

（公元前 384—公元前 322）

——地球是宇宙的中心，月球之上是第五元素以太构成。

哥白尼

（1473—1543）

——太阳才是宇宙的中心。

第谷

（1546—1601）

——行星运动的本质必须通过精确的测量才能得到。

开普勒

（1571—1630）

——每个行星围绕着太阳运动的轨迹都是椭圆。

伽利略

（1564—1642）

——我发明了望远镜，可以更好地观测宇宙，月球由"玉盘"秒变"麻脸"。

牛顿

（1643—1727）

——谁都不是中心，万有引力才是一切的主宰。

最终，牛顿解开了这道困扰人类 2000 年的谜题，把地上的苹果和天上的月球联系起来。牛顿真正让人类认识到科学的力量，为人类进入工业时代埋下了种子，为人类最终登上月球铺就了天梯。

让我带领大家领略一下万有引力定律的魔力。

《原理》这样阐述万有引力：

宇宙中每个质点都以一种力吸引其他各个质点。这种力与各质点的质量的乘积成正比，与它们之间距离的平方成反比。

Every particle in the universe attracts every other particle with a force that is directly proportional to the product of their masses and inversely proportional to the square of the distance between them.

数学表达式如下，其中 G 表示万有引力常数，M、m 分别表示两个互相吸引的物体的质量，r 表示两个物体之间的距离：

$$F = G\frac{Mm}{r^2}$$

每个数学公式都可能让书的销量减少一半！

好吧，你赢了。以后尽可能减少公式出现的次数，但每一个出现的公式都非常非常……重！要！

回到主题，万有引力定律最重要的就是"万有"二字。

苹果掉落到地面而不飞上天空源于此；

地球上的潮起潮落源于此；

月球围绕着地球转源于此；

宇宙万事万物间的运动都源于此，谁也逃不出它的掌心。

如果说地球和月球互相吸引，那为什么地球和月球没有撞到一起呢？

这是一个非常好的问题。举个例子，月球围绕地球的运动和田径场上的链球运动很相似。链球运动员握着链球的把手，人和球同时旋转，人通过链子的拉力使链球围着人旋转，但同样球也不会砸到人身上。

力改变物体的运动有两种形式：一是改变速度的大小，二是改变速度的方向。

不考虑其他扰动，将月球绕地球转动简化成匀速的圆周运动，等效如下。

第一，由于万有引力的方向始终与月球运动方向垂直，在运动方向没有力，因此月球的速度大小不变，而且本该一直按照惯性做直线运动。

第二，万有引力导致月球运动的方向不断发生变化。

这个过程中，月球一直要挣脱地球飞走，但地球没有使用蛮力去拉她，而是使用"四两拨千斤"的招式不断改变月球的运动方向，最后的效果是使她围绕着地球旋转。

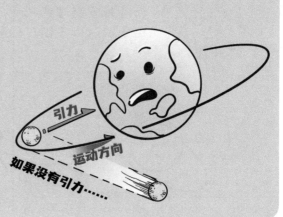

通常把这种指向圆心改变速度方向的力称为向心力，实际自然界并不存在向心力这种东西，它只是一种以效果命名的力，可以是万有引力、弹力、拉力或者摩擦力等。

引力

运动方向

如果没有引力……

还有个问题，为什么物体之间会有万有引力？

牛顿的时代并没有对引力给出科学的解释。200 多年后的爱因斯坦在广义相对论中认为，有质量的物体必然会弯曲周围的时空，而引力只是时空弯曲的表象。

最后补充两句，其实科学只是牛顿的兴趣之一，他一生用更多的时间在研究炼金术和神学，并担任造币厂厂长。

后人评价牛顿，他不是理性时代的第一人，而是逝去的黑暗、巫术和巨龙时代的最后一个魔法师。 让我们用英国诗人亚历山大 · 蒲柏（Alexander Pope）写的墓志铭一起送别牛顿爵士吧。

Nature and nature's laws lay hid in night.
God said "Let Newton be" and all was light.

自然和自然律隐没在黑夜中；
上帝说：让牛顿去吧！
于是，万物遂成光明。

如果大家觉得这节课有了一点点难度，那么后面将通过一个思想实验，让大家更好地理解月球为什么围绕地球转圈圈，休息一下。

考试不考的冷知识

人类历史上第二个"奇迹年"要等到第一个"奇迹年"近240年以后的1905年。在那一年中，26岁的爱因斯坦发表了5篇划时代的论文，在布朗运动、量子理论和狭义相对论等方面都做出了开创性的贡献，其中任何一个成就都足以赢得诺贝尔奖。

牛顿和爱因斯坦在各自的时代交相辉映，照亮了历史的天空。牛顿将亚里士多德所构建的完美天上世界彻底摧毁，建立了属于自己的天上和地上力学统一的"绝对"世界；爱因斯坦又将牛顿的物理世界推翻，建立了"相对"的宇宙。

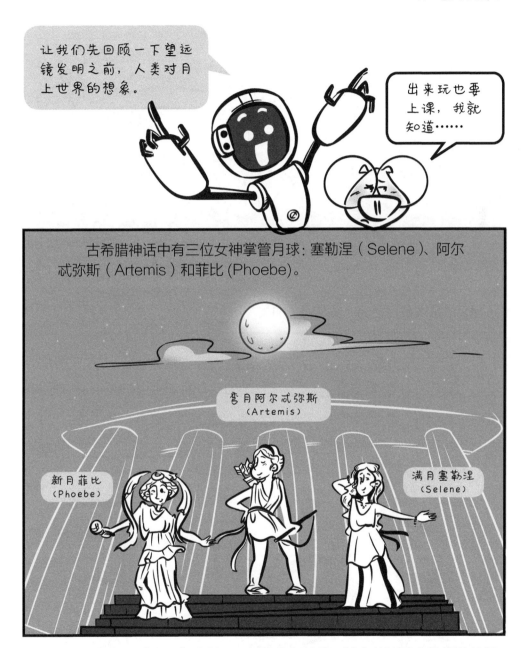

让我们先回顾一下望远镜发明之前，人类对月上世界的想象。

出来玩也要上课，我就知道……

古希腊神话中有三位女神掌管月球：塞勒涅（Selene）、阿尔忒弥斯（Artemis）和菲比 (Phoebe)。

弯月阿尔忒弥斯
(Artemis)

新月菲比
(Phoebe)

满月塞勒涅
(Selene)

　　菲比和塞勒涅"出道"比较早，都是泰坦神族，其中菲比是塞勒涅的姨妈，还是阿尔忒弥斯的姥姥；阿尔忒弥斯虽然资历浅，但却是奥林匹斯十二主神之一、宙斯最宠爱的女儿、太阳神阿波罗的双胞胎姐姐，因此在后期的古希腊神话里，她逐渐"单飞"，取代了其他月神，成为人们心目中月球的象征。

古代中国，传说在月球上有一座广寒宫，住着嫦娥和玉兔。

民间还流传唐明皇游历月宫的故事，他将仙女演奏的曲子记下来带到人间，就是闻名后世的《霓裳羽衣曲》。

伽利略较早用望远镜观测了月球，但不是第一人。

伽利略通过观测惊奇地发现，月球表面并不是洁白如玉，完美无瑕，而是凸凹不平、山峦起伏。

**"手绘达人"
伽利略**

距离产生美。望远镜拉近了距离，美没了。

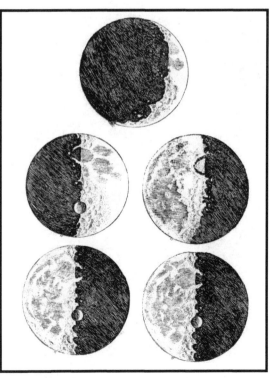

伽利略的著作《星际信使》插图

和机器人李一起探月球

哈里特绘制的月面图

较为公认的历史上第一个观测月球的人是英国的托马斯·哈里特（Thomas Harriot）。

他先于伽利略将望远镜对准了月球，但他在生前没有发表绘制的月球图，直到死后人们才在他的论文中发现。

月亮升起来了，开始赏月吧！

让我先看！

88

地球总体分为陆地和海洋，而陆地又分为平原、高原、山地、丘陵、盆地
5种基本地形。

月球上还有大海？
海里有鱼吗？

月海并不是"海"，没有一滴水，是月面上宽广的平原。

风暴洋
(Oceanus
Procellarum)

古代的天文学家用肉眼看到月球上暗黑色的斑块，想象那里是海洋，称之为 Mare（拉丁语"海"），这个词沿用至今。

最大的月海是风暴洋，它是月球上唯一被称为"洋"（Oceanus，拉丁语"洋"）的月海。它的面积约为 500 万平方千米，相当于约半个中国陆地面积的大小。

人类的很多探测器都曾造访于此，苏联的月球9号、月球13号、美国的勘测者1号、勘测者3号、阿波罗12号、中国的嫦娥五号都着陆在风暴洋。

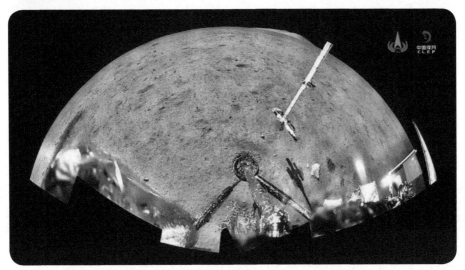

嫦娥五号着陆后全景相机环拍成像（图片来源：CNSA）

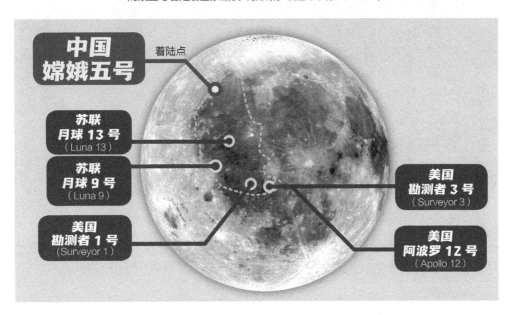

风暴洋（Oceanus Procellarum）（图片来源：NASA）

91

地球上有四大洋，月球上只有一个"洋"，可惜还没水。

再来看看高地。高地是指月球表面高出月海的地区，也称为月陆。我们用肉眼看到月球上洁白发亮的部分就是高地。

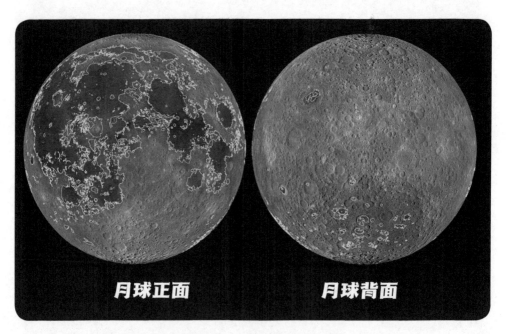

月球正面　　　　**月球背面**

月球表面（图片来源：NASA/GSFC/Arizona State University）

　　月海占全月表面积的 17% 左右，高地占全月表面积的 83% 左右。在月球正面，月海和高地面积大致相当；在月球背面，高地面积占主要部分。

按照自然形态，月球的地形还可以细分为月海、山脉/峭壁、月湾/月湖/月沼、撞击坑、月谷/月溪等，它们都分布在月海和高地上。

月海

月表宽广的平原

阿波罗 11 号着陆点
静海基地
（Tranquillity Base）

静海 (Mare Tranquillitatis)（图片来源：NASA）

山脉 / 峭壁

月表分布连续的
山峰带以及峭壁

亚平宁山脉 (Apennine Front)
（图片来源：NASA）

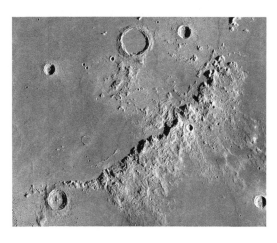

93

月湖 / 月湾 / 月沼
月海延伸进高地的部分

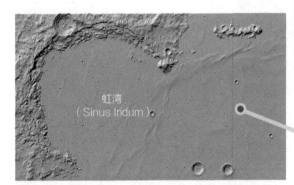

嫦娥三号着陆地点
虹湾（Sinus Iridum）

撞击坑
月表的圆形凹坑构造

第谷撞击坑中央峰
（宽 15 千米，高 2 千米）

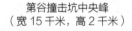

第谷撞击坑 (Tycho Crater)（图片来源：NASA）

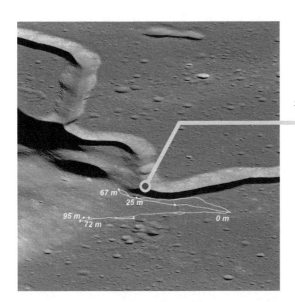

月谷 / 月溪
月表的裂缝

阿波罗 15 号月球车
在 Elbow 位置拍摄照片

67 m

25 m

95 m

72 m

0 m

哈德利溪 (Rima Hadley)（图片来源：NASA）

第 2 道谜题：

月海没有水，那月球有
没有海平面？

答案

　　月球没有地球上那样的海洋，因此也就没有地球意义的海平面。月球是个椭球，但是为了方便描述地理位置，常以月球平均半径1737千米的标准正球体作为月球的标准平面，也就是"海平面"。

　　高于"海平面"的位置为正，低于"海平面"的位置为负。通常高地地区都是高海拔区域，而月海都是低海拔区域。

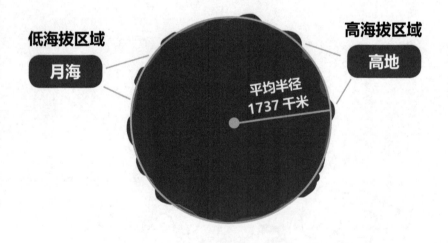

前面我们和牛顿爵士学了万有引力，这节课我们再看看万有引力更大的威力。

如何让卫星像月球一样绕着地球转圈圈？

如何让卫星像地球一样绕着太阳转圈圈？

 本节课我们通过一个思想实验来进一步了解月球为什么会绕着地球转圈圈。

 老师，思想实验是什么？

 在介绍思想实验前，先来说说科学实验的两种形式。

实物实验

利用各种仪器设备做的实验。

思想实验

在大脑中想象的实验。只需充分发挥想象力，物美价廉，经济实惠！

为了加深理解, 举一个著名思想实验的例子。

古希腊哲学家亚里士多德认为: **物体的重量决定了它们从高处下落的速度。物体越重, 下落得越快。**

伽利略对此设计了一个思想实验:

根据亚里士多德的逻辑, 一轻一重两个物体用绳子连在一起从高处扔下, 重的物体比轻的物体下落速度快, 轻的物体会对重的物体产生一个拉力, 使重的物体的下落速度变慢。

但是，还是根据亚里士多德的逻辑，两个物体连在一起后应比任意一个物体都重，那么两个物体一起下落的速度应比任一单个物体下落的速度快。

伽利略就用这个矛盾的结果证明了亚里士多德的理论是错误的。

我记得课本上写，伽利略是通过在比萨斜塔顶端释放铁球的实验，推翻了亚里士多德的理论。

目前大部分人认为这个故事是杜撰的。

直到阿波罗登月后，宇航员从同一高度扔下一根羽毛和一把铁锤，二者同时落地，这才通过真正的实验推翻了亚里士多德的理论。

1971 年
阿波罗 15 号

好了，回到我们的思想实验：在世界最高峰珠穆朗玛峰（简称珠峰），正在进行一场激烈的抛球大赛。

比赛规则
1. 用手或工具将球抛出去
2. 球抛出后不再有动力
3. 抛远者获胜

硬核知识

球在空中的运动可以分解成为**水平运动**和**垂直运动**：

球在水平方向不受力，**水平运动是匀速直线运动**（忽略空气阻力）；

球在垂直方向上受到地球的引力，**垂直运动是自由落体运动**。

由于自由落体运动的时间只和高度有关，因此不管小球的水平速度有多快，球做自由落体运动即在空中运动的时间都是一样的，**但水平速度越快，球在空中运动的水平距离就会越远**。

比赛现在开始！

第一个上场的是美国职业棒球大联盟（MLB）的最佳投手。

他出手速度可达 50 米 / 秒，投出了 2100 米，这是人类徒手抛球的极限。

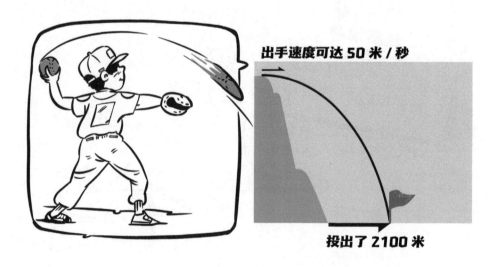

出手速度可达 **50 米 / 秒**

投出了 2100 米

第二个上场的是网球世界冠军。

世界上网球发球的最快速度大约是 70 米/秒，小球被击飞了 2900 米左右，距离又往前进了一步，但并没有实质性的突破。

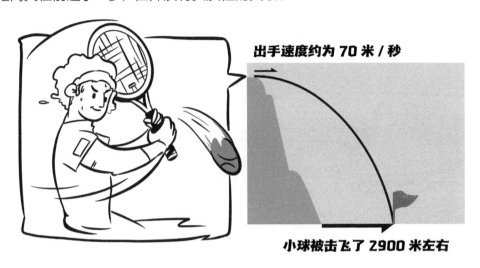

出手速度约为 70 米/秒

小球被击飞了 2900 米左右

第三个上场的是特种部队的狙击手。

他采用人称"狙击之王"的巴雷特 M82A1 狙击步枪把球当成子弹射出去，子弹速度高达 850 米/秒，小球被射出了 36 千米。

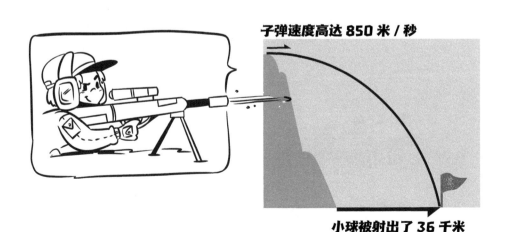

子弹速度高达 850 米/秒

小球被射出了 36 千米

第四个上场的是电磁炮。

采用电磁原理被加速发射的小球，速度可以达到 4 千米 / 秒，这应该是当今世界上最快的弹射速度了，小球飞了约 170 千米。

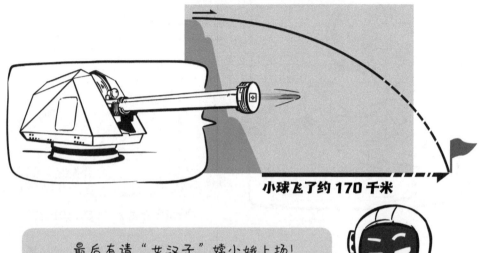

速度可以达到 4 千米 / 秒

小球飞了约 170 千米

最后有请"女汉子"嫦小娥上场！
下面就是见证奇迹的时刻！

这次要把球扔到拉萨。从珠峰到拉萨大约 440 千米，按照球在空中飞行时间 42 秒计算，那嫦小娥的出手速度约是 10.5 千米 / 秒。

球飞过了拉萨布达拉宫。

下面就来详细分析一下。

假设地球是个完美的球体，那么大约每8千米会下降5米。沿着水平抛球，飞行路径是一条曲线。

如果贴地球表面抛球，当小球的速度为7.9千米/秒时，它每飞行8千米也会下降5米，即小球的飞行轨迹曲线正好和地球表面的曲线一致，那它就会不停地围绕地球"下降"，而不会落到地面。

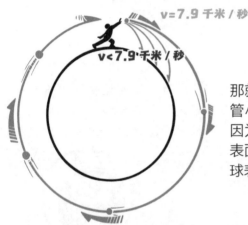

v=7.9 千米/秒

v<7.9 千米/秒

如果球的运动速度小于7.9千米/秒，那就会和前几位选手的抛球结果一样，尽管小球越抛越远，但最终都会落到地面，因为小球飞行轨迹下降的速度要大于地球表面曲线下降的速度，最终飞行轨迹和地球表面相交。

第一宇宙速度

硬核知识

这个特殊的速度**7.9 千米/秒**，被称为**第一宇宙速度**，表示在地球表面运动的物体只要大于或等于这个速度，不再需要动力就能做环绕地球的圆周运动。

小球围绕地球运行的轨迹就是常说的"轨道"。

那就是说, 小球"卫星"只要进入轨道就可以像月球一样, 自己绕着地球转圈圈, 而不像汽车、飞机只要开动就一直消耗燃料!

Bingo! 这就是科学的力量! 所有人造卫星都是利用了这个原理而运行。

老师一直强调贴地面抛球, 那和我站在珠峰上抛球有什么不一样吗?

根据万有引力定律, 距离地球越远, 引力就越小, 小球环绕地球所需速度也就越小。

卫星
约 100 千米以上

热气球
约 50 千米以上

飞机
约 10 千米以上

风筝
约 1 千米以上

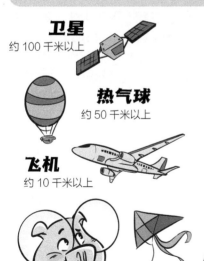

神仙到底住
在哪一层啊?

由于地球表面存在着稠密的大气层, 即使在珠峰的高度, 大气产生的阻力也不能忽视, 更不要说贴地面飞行了。通常地球卫星的高度至少在 150 千米以上, 环绕速度小于第一宇宙速度, 为 7.8 千米 / 秒。

如果站得更高一些, 在月球的高度抛球, 地球到月球的平均距离为 38 万 千米, 那小球的速度减小到 1.025 千米 / 秒, 这就是月球围绕地球转动的平均速度。

107

抛球大赛还没有结束，让我们抛得再快一点。

7.9千米/秒、8.0千米/秒……目前抛出的所有小球都变成了围绕地球的"卫星"，沿着椭圆形的曲线重复运行，只不过曲线越来越扁。

咦？当速度达到11.2千米/秒的时候，小球飞行的轨迹不再是椭圆形的曲线，而是变成了一条抛物线，小球再也回不来了，而是向着无限远飞去。

第二宇宙速度

硬核知识

这个特殊的速度 **11.2 千米/秒**，被称为**第二宇宙速度**，也叫逃逸速度。在地球上"抛"出的物体只要超过这个速度就彻底逃离地球万有引力的吸引，和地球永远说再见了。

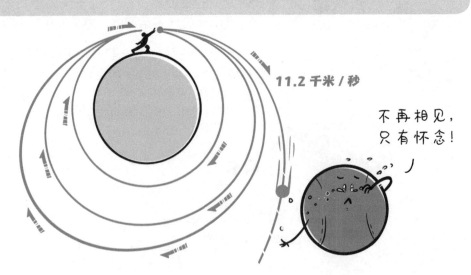

11.2 千米/秒

不再相见，
只有怀念！

当抛球的速度大于16.7千米/秒时，小球摆脱太阳的吸引，飞出了太阳系，这就是第三宇宙速度。

第四宇宙速度是飞出银河系所需的速度，第五、第六宇宙速度是飞出更大的星系群的速度。

天哪！总共有多少种宇宙速度啊？

根据目前的认知，第一、第二和第三宇宙速度是准确的，其他宇宙速度只是估计，人类还远远达不到。

通过抛球大赛，我们发现，离开地球乃至太阳系的关键在于——速度。

一位"物理学家"曾经这样说过：

天下武功，唯快不破！

考试不考的冷知识

我们抛了一节课的小球，那你们知不知道人类抛出的最快的"小球"是什么？

如果不考虑在飞行中加速的话，美国的冥王星探测器新视野号是目前最快离开地球的物体。

是孙悟空的筋斗云，一个筋斗十万八千里！

2006 年，新视野号由火箭最终送入轨道后，相对于地球的速度是 16.26 千米 / 秒，接近第三宇宙速度。

Bingo!
回答正确！

新视野号（图片来源：NASA/ 约翰 · 霍普金斯大学应用物理实验室 / 美国西南研究院）

人一刻不停地步行到月球需要约 9 年

乘坐高铁到月球需要约 50 天

 乘坐喷气式飞机到月球需要约 18 天

嫦娥二号奔月用了 5 天

 阿波罗飞船飞抵月球用了 3 天

新视野号发射后 9 小时就飞过了月球

 新视野号经过 9 年的飞行，在 2015 年飞掠了冥王星，与地球距离 48 亿千米。

当然，还有一批来无影去无踪的超级英雄们，它们的速度不可估量。不过保护地球的同时也要注意控制好速度哟，否则……

哎？飞得太快没撞倒啥吧？

火山口还是撞击坑，这是个问题。历史上吵了300年，让我慢慢道来。

伽利略使用望远镜观测月球后将圆形凹坑命名为"crater"。

"crater"来源于希腊语，"碗"的意思。

圆形凹坑的起源之谜激起了科学家的兴趣。

罗伯特·胡克在《显微图谱》(1665 年)一书中，提出凹坑可能是由太空中的天体撞击月球或者月球火山喷发而形成的。

你从哪里来，我的朋友！

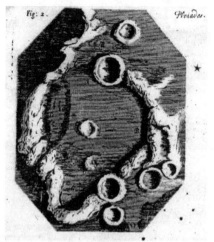

望远镜发明以后，天文学家观测到越来越多的圆形凹坑。

月球正面直径大于 1 千米的凹坑有 33000 个左右。

由于地球上的撞击坑极为罕见，因此天上掉"石头"的想法令人难以置信。早期的大多数观测者认同"火山说"，而"撞击说"被认为是异端邪说。

1874 年，英国工程师詹姆斯 · 纳斯米斯（James Nasmyth）和天文学家詹姆斯 · 卡彭特（James Carpenter）出版了摄影集《月球：一颗星球、一个世界和一颗卫星》（*The Moon*: *Considered as a Planet, a World, and a Satellite*）。

这张月面照片
好清晰！

哈哈，书中不是真实月球的照片，而是月球石膏模型的照片。

是不是比天文望远镜观测到的月球表面更逼真！

他们进一步发展了"火山说":

物质从火山口喷出。喷射物由于重力作用在火山口周围落成圆环,形成火山口壁。火山活动减弱,喷射物质能力也减弱,于是喷射物回落在喷发位置形成中央峰。

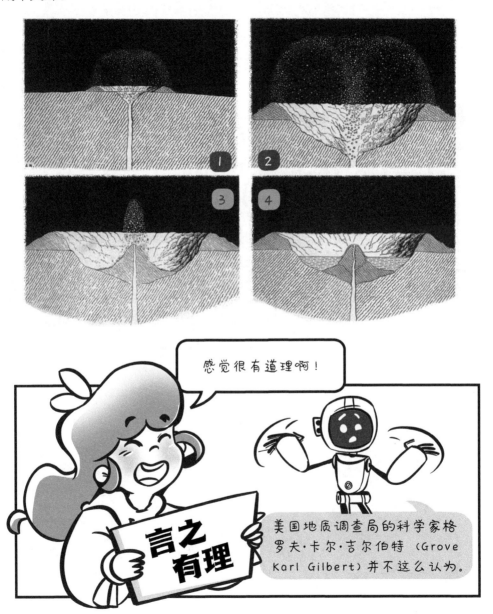

1893 年，吉尔伯特指出地球的火山和月球的火山存在显著差别。

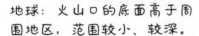

地球：火山口的底面高于周围地区，范围较小、较深。

月球：圆形凹坑的底面低于周围地区，范围较大、较浅。

因此月球凹坑的唯一成因只能是撞击。

吉尔伯特

如果是撞击形成的，那为什么撞击坑都是圆的呢？不同撞击角度，坑的形状应该不一样。

主要原因在于速度。

我们把石头扔在泥地上时，形成的孔洞的大小取决于石头的大小，孔洞的形状同撞击角度密切相关。

可是当撞击物的速度达到每秒几千米甚至几十千米的时候，撞击过程就大大不同。

（a）发生撞击

（b）撞击物蒸发，冲击波在月球上传播

小天体撞击月球瞬间会产生巨大的冲击波，冲击波使小天体及月球表面气化，向周围喷射数千米的灼热岩石蒸气。

和机器人李一起探月球

这个过程类似炸弹的爆炸过程，形成的凹坑同战场上的弹坑类似而呈现圆形。小天体的尺寸和角度对撞击坑形状的影响微不足道。

（c）溅射物被扔出凹坑

（d）大部分溅射物回落以填满凹口，形成溅射毯

地球和月球这么近，为什么地球上的撞击坑却很少呢？

一是因为地球有一层厚厚的"铠甲"，二是因为地球比月球更能"折腾"。

小天体撞向地球之前,与厚厚的大气层摩擦燃烧自己,大多数小天体都会燃烧殆尽,只有少数大个儿的碎片会到达地面。

地球

月球没有大气层,小天体会直接撞击到月表。

地球表面受到太阳光、水、风的侵蚀。地球的地质构造一直在发生变化。地球上的火山爆发流出的岩浆会将撞击坑掩盖起来。

在地球上已确认了约 190 个撞击坑。其中最为著名的就是科学家认为曾经导致恐龙灭绝的墨西哥湾约 200 千米的奇克苏鲁布（Chicxulub）陨星坑。

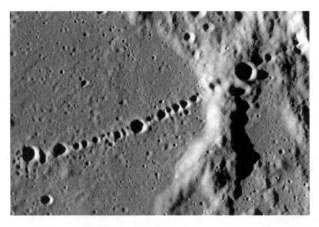

当然，"火山说"一派并不会这么容易就善罢甘休。

月球表面存在很多圆形凹坑链条，犹如一串串珍珠覆盖在月球表面。"火山说"一派认为圆形凹坑链是从一条条表面裂缝中形成的，而撞击不会这么有规律。

但"火山说"一派很快被打脸。

1994 年，舒梅克-列维 9 号彗星的碎片相继撞向木星，在木星上形成了一长串烧焦的痕迹。同理，如果小天体的碎片撞向月球，就会形成一长串的凹坑。

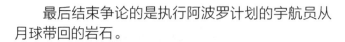

　　最后结束争论的是执行阿波罗计划的宇航员从月球带回的岩石。

　　通过分析发现，月面岩石是因为受到巨大的冲击作用而震碎和熔化的，这只能由高速撞击产生。

　　当今的科学家认为，月球表面的圆形凹坑是由早期的火山爆发和小天体撞击共同形成的。只是由火山爆发形成的圆形凹坑基本都已经被掩盖了。

科学家通过对月球观测发现了新撞击坑的形成过程。①

――――――――――――――
① 2013 年 3 月 17 日，一个大小约 0.3 米、重量约 40 千克的流星体以 25 千米 / 秒的速度撞击月表，形成了一个直径约 20 米的凹坑，范围波及 30 千米外，瞬间的光亮在地球上通过肉眼可见。

答案

这需要利用月球上最典型的地貌特征、人称月球上的"化石"撞击坑来判断。

判断月球表面年龄最的基本方法就是利用撞击坑的叠加原理：月表撞击坑的数量随着暴露在空间中时间的增加而增加，某个区域撞击坑密度越大则年龄越老。

前酒海纪

酒海纪

雨海纪

爱拉托逊纪

哥白尼纪

不同年代的撞击坑分布

8. 万有引力常数G的前世今生

万有引力定律简洁而优雅，但真实世界总不会十全十美，它留下一个让牛顿也无法解决的"小尾巴"，一直困扰人类至今。

在本节课介绍"小尾巴"之前，先来个小测验预热一下大脑，请看题！

如何用最简洁的语言，向来自另一个星球的生命介绍我们对宇宙的认知？

我们的宇宙这么大，一两句话可说不清楚！

这里的生物也很恐怖，赶紧回去吧！

尽管宇宙包罗万象，但还是有一些最基本的、不会变化的常数，就如同一个人的外貌、指纹、声音等，可以作为宇宙的"身份证号码"。

关于号码的组成，有的科学家说是 6 个，有人说是 13 个，还有人说是 26 个，但无论如何，万有引力常数 G 都是必不可少的一个。

哦！我知道了，这个"小尾巴"就是 G。

是的。牛顿虽然提出了万有引力定律，却不知道 G 是多少。

从牛顿时代开始，无数的科学家对 G 进行了测量，但让人没想到的是，这一测就测到了今天。

百年之后又百年，都三百多年了，老大！

万有引力可以让月球绕着地球转，为什么 G 还这么难测呢？

主要有两个原因。

第一，引力非常之弱。宇宙中所有的物理现象都可以由引力、电磁力、弱力和强力这四种基本力来解释，而引力是最弱的一个。当你伸出手来，整个地球的引力都不足与战胜肌肉的力量；而两个日常物体之间的引力就更加微乎其微，相距 1 米的两人之间的引力仅相当于一粒芝麻重量的几千分之一。

和机器人李一起探月球

项·电磁力·羽 　　　　　　　　　　　林·万有引力·黛玉

电磁力　　　　　　　　　　　　　　**万有引力**

第二，引力无处不在。宇宙中任何两个物体间都存在引力，大至太阳，小至微尘，外部环境的引力干扰无法屏蔽。

于是，G 成为人类认识最早但测量精度却是最差的一个常数。

我们确切地知道光速 c 的值是 299792458 米/秒，普朗克常数 h 的值是 $6.62607015 \times 10^{-34}$ 焦·秒，但 G 的有效数字只有 4 位，单位为牛·米^2/千克^2。

299792458 米/秒　　　$6.62607015 \times 10^{-34}$ 焦·秒　　　6.674×10^{-11} 牛·米^2/千克^2

光速 c　　　　**普朗克常数 h**　　　**万有引力常数 G**

万有引力定律问世后，当时的科学家更希望利用它得到地球的质量，进而计算得到其他天体的质量。

在公元 2 世纪，人们就已经通过简单的几何知识测量出地球的大小，因此如果再测出地球的密度，就可以计算出地球的质量。

科学家致力于测量地球的密度，而 *G* 只能算是"副产品"。

最早对地球质量的测量，还是来自牛顿验证万有引力定律的实验：

实验的道具很简单，就是一个拴在绳子上的小球，简称球摆。在周围空旷的环境里，球摆在静止时会垂直向下；如果在球摆一侧有一座大山，那么大山的引力就会把球摆拉过去。

硬核知识

小球受到来自大山的引力和地球的重力的共同作用。这两个力都可以通过万有引力定律表示，二者的比值可以通过测量球摆的偏角计算出来，这样就把地球的密度和山的密度联系起来。

因此只要知道山的**体积**和**密度**，再测量出球摆的偏角，就能推算出地球的平均密度。

牛顿认为，地球上的山造成的偏角太小而难以测量，最终没有实验。牛顿去世后，英国皇家学会认为这个实验方法可行，关键是找到一座山，这座山要：

> **形状规整 → 便于测量体积**
> **周围无山 → 没有引力干扰**

经过两年多的苦苦寻觅，皇家学会终于在苏格兰高地找到了一座名为榭赫伦的山。这座山处在两个湖泊中间，周围非常空旷，同时整座山的形状对称，近似一个标准的圆锥体。

榭赫伦山
Schiehallion

1774 年夏天，天文学家马斯基林带领一支科考队来到榭赫伦山，在山的南麓和北麓建了两个观测站，进行了细致的测量，这就是著名的：

榭赫伦实验

马斯基林计算出地球的平均密度约为榭赫伦山的两倍，这表明地球内部的密度比表面石块的密度大得多，内核很有可能是金属。据此算出的 G 与现代仪器测量的数据相比只有 20% 的误差，G 终于有了一个比较靠谱的数值。

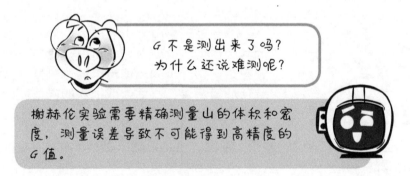

G 不是测出来了吗？为什么还说难测呢？

榭赫伦实验需要精确测量山的体积和密度，测量误差导致不可能得到高精度的 G 值。

科学家们把目光又转回到成本较低和干扰较少的实验室，尝试设计仪器来进行测量。

此时，科学史上"非著名"的全才科学家——约翰 · 米歇尔登场了。同那些星光璀璨的科学大神相比，他寒碜到连画像都没留下来，唯一的外貌记载为"身材矮小、皮肤黝黑、胖"。

然而，他的一生做出了很多开创性的贡献：

第一个提出"黑洞"概念；

第一个计算出地震波的速度；

第一个阐述了磁场的数学特性。

最重要的是，他制造了测量地球密度的扭秤实验的原型。

遗憾的是，米歇尔还未用它进行测量便撒手人寰，而这台扭秤几经辗转，最后到了物理学家、化学家卡文迪许的手中。

卡文迪许的父母均出身于英国伯爵的贵族世家，他继承了百万英镑的遗产，是当时英国的巨富。财富终会散去，但他在科学上的贡献却永远载入史册：

分离氢气的第一人
氧气和氢气合成水的第一人
发现硝酸的第一人
第一个测量出地球密度的人

米歇尔

卡文迪许

在介绍卡文迪许实验之前，我将对他进行一个专访。

卡文迪许先生，您作为一个富二代，不玩跑车、不炒绯闻，一心扑在科研上。您想对粉丝说点什么？

卡文迪许的管家

啊！！

卡文迪许先生患有严重的社交恐惧症，和我交流都要靠书信……

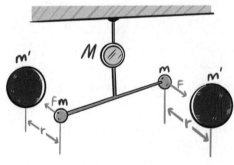

看来狗仔也不好当。我们还是回到实验。

两个大铅球固定在地面上，两个小铅球悬吊在天平上。大铅球和小铅球在万有引力的作用下相互靠近。由于大铅球固定在地面上不能移动，因此小铅球向大铅球靠近，进而使悬吊天平的悬丝产生一定角度的扭转。由于大小铅球的质量已知，因此通过测量扭转的角度可以计算出 G。

刚才你不是说引力很小吗？那这个扭转的角度应该也很小，怎么测呢？

这个实验的精髓就在于将难以测量的"引力"转换为"角度变化"，再把"角度变化"放大为容易测量的"位置变化"。

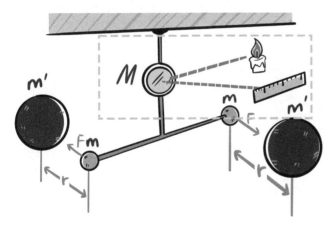

天平上装了一面小镜子，一束光射向镜子，经镜子反射后射向远处的刻度尺。当镜子与天平一起发生很小的扭转时，刻度尺上的光斑会发生较大的移动（学名"光杠杆"，利用了杠杆原理，放大、放大、再放大）。

通过测定光斑的移动距离，就可以测定扭转的角度，计算出大球与小球之间的引力大小，进而得到 G。

后人根据他的实验结果算出地球质量和 G 值，G 为：

$$6.754 \times 10^{-11} \text{牛} \cdot \text{米}^2/\text{千克}^2$$

从那时起，几乎所有对 G 的测量，都采用卡文迪许扭秤实验的原理。在 1930 年代，G 的测量值是 6.67×10^{-11} 牛·米^2/千克^2，随后在 1940 年代被改进到 6.673×10^{-11} 牛·米^2/千克^2。不确定性从 0.1% 到 0.04% 再一路降低到 20 世纪 90 年代的 0.012%。

中国科学家罗俊院士从 20 世纪 80 年代开始进行 G 的测量。为了减少各种干扰，几十年如一日地在山洞中进行实验，不断测量出新的 G 值。2018 年，他的团队采用两个独立方法进行测量，得到了迄今为止世界上最高精度的 G 值。

$G=6.674184 \times 10^{-11}$ 牛·米^2/千克^2

$G=6.674484 \times 10^{-11}$ 牛·米^2/千克^2

不确定性：0.00116%

这是中国科学家对 G 测量做出的重大贡献。

但事情并没有结束。

全世界很多实验小组都在测量 G 值，可结果并不一致，最高达 6.6757×10^{-11} 牛·米^2/千克^2，最低达 6.6719×10^{-11} 牛·米^2/千克^2。目前，科学家的共识是 G 的数值被截断为最多四位有效数字。

对于这种差异，科学家没有给出确切的解释，他们对于 G 的探索还在继续。

万有引力的介绍到此就告一段落。我们根据万有引力定律计算出地球卫星的最小速度。但如何能把一个小球扔出那么高的速度？

在牛顿时代，这一切都还是梦。直到工业时代的到来，一个又一个的火箭天才登上历史的舞台，梦想才终于照进现实。

我们后续将会和他们陆续见面。

考试不考的冷知识

在测量 G 的过程中，无心插柳地诞生了一个地理学的副产品——等高线。

为了测量榭赫伦山的体积，科考队测量了几百组数据，每组数据都包括横坐标、纵坐标和海拔高度，这些数字又多又乱。科考队中负责计算的数学家赫顿把坐标写在一张纸上，把海拔高度相等的点连接在一起，这座山的整体形状就显现出来！就这样，他发明了等高线。

赫顿的地图已经遗失，一位叫凯伦·兰恩（Karen Rann）的英国艺术家根据赫顿原始数据的重置版本，用模型重现了榭赫伦山。

榭赫伦山模型（图片来源：Karen Rann）

不要闹了，继续上课。这节课我们来讲一讲月相。

好啦好啦

老师，您看她！

先赏析一段宋词。

什么是月相？

人有悲欢离合，月有阴晴圆缺。
《宋·苏轼《水调歌头·明月几时有》

145

苏轼词中提到月球阴晴圆缺的变化就是月相。

月球本身不会发光，被太阳照射的部分会反射太阳光。月球面向太阳的一半被照亮，另一半则是阴影。

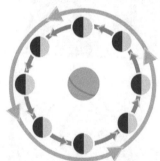

**太阳系上方
观察月球的明暗变化**

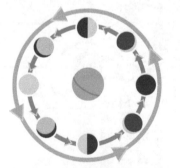

**地球上
观察月球的明暗变化（月相）**

月球永远是一半亮一半暗，但在地球上只能看到朝向地球的那一半。综合来看，月相就是在地球上看到的这一半月球和被太阳照亮那一半月球的重叠。

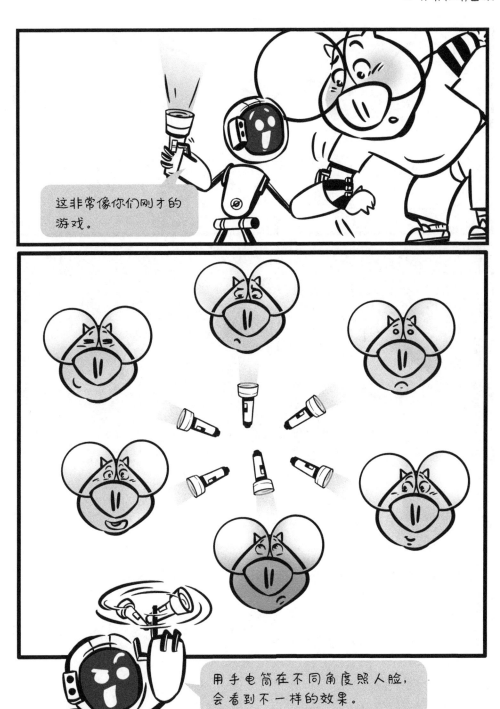

这非常像你们刚才的游戏。

用手电筒在不同角度照人脸，会看到不一样的效果。

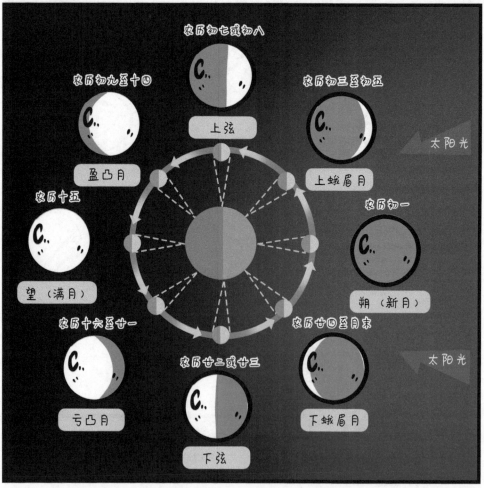

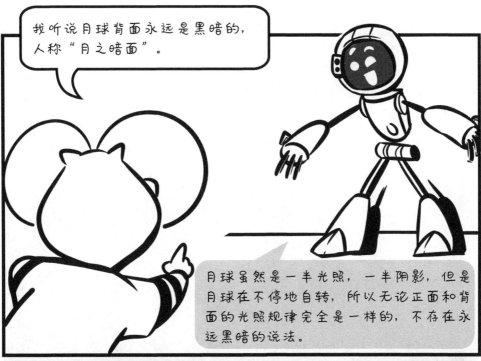

我听说月球背面永远是黑暗的，人称"月之暗面"。

月球虽然是一半光照，一半阴影，但是月球在不停地自转，所以无论正面和背面的光照规律完全是一样的，不存在永远黑暗的说法。

英国著名摇滚乐队
平克·弗洛伊德专辑《月球的阴暗面》
(Pink Floyd – The Dark Side of the Moon)

不存在永远的黑暗面，月球面面晒得到太阳哟！

又一堂课结束啦，下面是提问时间！

第 4 道谜题：

在月球上看地球，是否也有阴晴圆缺？

答案

在月球上同样可以看到地球"阴晴圆缺"的变化，但有以下三点不同。

(1) 月球上看到地球的相位与同时期的月相是互补的。新月的时候地相是满地，上弦的时候地相是下弦，满月的时候地相是新地，下弦的时候地相是上弦。

(2) 由于地球比月球更大，所以在月球上看到的"满地"面积要比在地球上看到的"满月"更大。满月的视直径约为 0.52 度，而满地的视直径约为 1.92 度，所以满地的视面积是满月的 13.5 倍。

(3) 月球上看地球，地球不会东升西落，而是永远处于天空中的同一个位置。会在一定的范围内运动。由于月球的轨道不是一个完美的圆，地球的大小略有不同；有时地球更接近（看起来更大），有时地球更远（看起来更小）。此外，由于月球的轨道与地球的赤道倾斜约 5 度，从月球上看，地球在天空中的一定范围内稍微来回移动。

10. 乡村教师和火箭列车(上)

和机器人李一起探月球

这节课我们邀请的嘉宾是齐老师。

本名：康斯坦丁·爱德华多维奇·齐奥尔科夫斯基
国籍：俄国／苏联
生卒：1857—1935
生平：一生命运多舛

10 岁
患猩红热
丧失听力
辍学在家

12 岁
母亲去世
学业靠自学完成

16 岁
孤身一人来到莫斯科
每天都在图书馆自学

21 岁
回到乡下
担任中学数学教师
直到退休

这不就是一个倒霉孩子平淡的一生吗？

非也。古人曰："天将降大任于斯人也，必先折腾个半死……"齐老师尽管年轻时不顺遂，但一直没有放弃对科学的热爱。在中学教学之余，齐老师干了很多副业。

中学老师？干……干副业？

他一生获得多项发明，最重要的是在 1903 年发表了标志性的论文《利用喷气装置研究宇宙空间》，为火箭运动和航天理论奠定基础。

他第一个从理论上阐明火箭是星际旅行的唯一交通工具；

他第一个提出使用液体燃料作为火箭推进剂；

他第一个推导出火箭飞行运动的方程。

下面请大家安静!
齐老师的航天大讲堂开课啦!

如果让卫星飞向太空,要满足两个条件:

一是速度。

牛顿已经算出卫星的速度要大于第一宇宙速度 7.9 千米 / 秒。

二是高度。

为了避免大气的阻力,卫星要在外太空飞行,而外太空与大气层的分界线是海拔 100 千米的高度,这条线也被称为卡门线。

在牛顿时代,无论是达到这样的速度还是高度只能说是痴心妄想,即使在 20 世纪初也绝非易事。在奠定航天理论的论文发表的 1903 年,卡尔·本茨发明第一辆汽车不过十几年时间,莱特兄弟也刚刚在同年成功试飞了世界上第一架飞机。

下面比较了三种方法，让我一一道来。

在我的时代，气球与飞艇飞得最高。

候选方法 1：
气球或飞艇可行吗？

气球或飞艇利用空气的浮力飞上天空，但由于外太空的空气极为稀薄，几乎接近真空，所以气球或飞艇都无法飞出大气层。探空气球的极限高度也就50 千米。

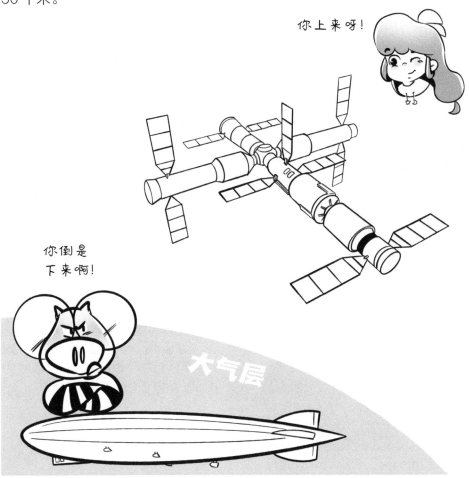

你上来呀！

你倒是下来啊！

大气层

在我的时代，　　　　　　　　　　　　炮弹的速度最快。

候选方法 2：
超级大炮可行吗？

大炮利用火药爆炸的推力把炮弹发射出去，科幻作家们很自然地想到用所谓的"超级大炮"来发射航天器，其中最著名的就是前面提到过的凡尔纳发表于 1866 年的科幻小说《从地球到月球》。

书中用一门炮管约 300 米长的超级大炮将一枚特制的"炮弹"发射到月球上去。

设想超级大炮能在 300 米长的炮管内把炮弹加速至第一宇宙速度，则炮弹在炮管内的平均加速度必须达到 10 万米 / 秒^2 以上。

超级大炮（图片来源：科幻小说《从地球到月球》）

地球的重力加速度通常用 g 表示，约为 9.8 米 / 秒^2，而其他的力产生的加速度为了更加直观地描述，可以用 g 的倍数来表示，因此也可以说炮弹的平均加速度为 $10000g$ 以上。

我们所受的力等于自身质量 × 加速度。如果我们站在地球表面，体重可以用自身质量 $\times g$ 表示。

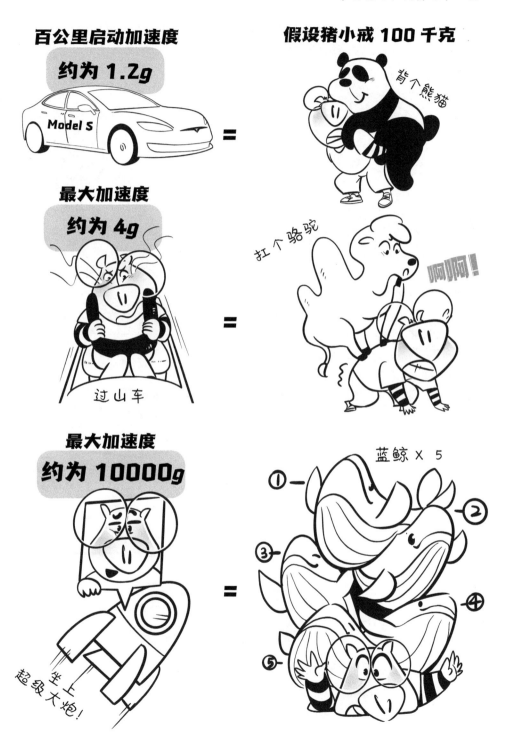

如果我们坐在超级大炮发射的炮弹里，所受的力就等于自身质量×10000g。等效为 1 万倍于自己体重的重量压在身上，这种加速度将会造成人的突然死亡以及仪器的彻底损坏。

那可不可以把加速度降低呢？

当然可以。让炮弹在一个较长的时间里加速，这样加速度就会比较小，但是加速持续的时间越长，加速过程中炮弹所飞行的距离也就越远。

如果炮弹的加速度在人体所能承受的安全范围之内（小于 10g），则炮弹的加速过程必须持续 80 秒以上，飞行距离在 300 千米以上。由于炮弹本身没有动力，因此这段距离必须都在炮管内。这就是说，超级大炮的炮管起码要有 300 千米长！

300 千米！这炮管就得从北京到山海关这么长了。

即使炮弹能达到这个速度，但炮弹从炮口发射以后，由于空气的阻力作用，炮弹速度开始不断地降低。因此如果想要卫星在距离地面上百千米的轨道上达到第一宇宙速度，那炮弹飞出炮口的速度将要更高，这就更加难以实现。

天下第一关欢迎您！

NO.1

候选方法 3：
火箭可行吗？

火箭在原理上和小孩子玩的"二踢脚"没有本质区别，它不像大炮通过在炮膛中的火药爆炸膨胀产生的高压气体将炮弹推出去，而是靠自身沿着一个方向高速喷射物质，获得向相反方向运动，这充分地验证了牛顿第三定律。

牛顿第三定律

相互作用的两个物体之间的作用力和反作用力总是大小相等，方向相反，作用在同一条直线上。

兄弟，踹我一脚！

从对超级大炮的分析可以看出，如果想飞出地球，要满足两个条件：

加速时间长 + 加速靠自己

火箭恰好都满足：

✔ 火箭离开地面的初始速度不需要太高，在飞行过程中逐渐加速，这样就能够保证火箭内乘员的生命安全以及工作仪器的正常运转；

✔ 火箭通过自身携带的推进剂，将它们转换成为能量，不需要其他辅助加速装置。

那火箭就是一个大号的"二踢脚"，内部装着火药？然后……

为了回答这个问题，先从动量守恒定律开始讲起。

动量守恒定律

质量和速度的乘积称为**动量**。

当一个系统不受外力或者所受外力之和为零时，系统总动量保持不变。

举个例子，猪小戒和嫦小娥两个人静止地站在冰面上，由于所受外力为 0，因此两个人的系统总动量为 0；

他俩互相推对方后，各自向相反的方向运动，而总动量还是为 0，这就是动量守恒。

$m_嫦$ 和 $m_猪$ 分别表示小娥和小戒的质量；
$v_嫦$ 和 $v_猪$ 分别表示小娥和小戒的速度；
q 表示系统总动量。

静止站在一起时：
$$q=0$$

相互推对方后：
$$q=m_嫦 \times v_嫦 - m_猪 \times v_猪 =0$$

再看看天上的情况。嫦小娥一个人静止在太空中，假设不受任何外力，那么嫦小娥这个系统是动量守恒的。

根据动量守恒定律，当她把球朝着一个方向扔出去以后，她会以一定的速度朝着相反的方向飞去，很多关于太空的科幻片中都有类似的画面。

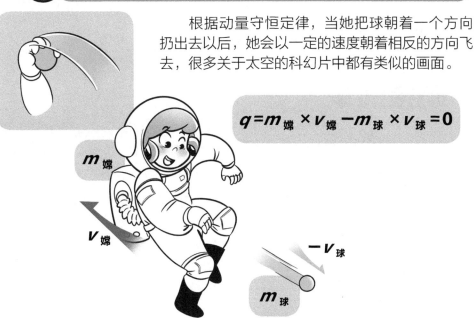

$$q=m_{嫦} \times v_{嫦} - m_{球} \times v_{球} = 0$$

让火箭在这个理想环境中点火，燃料发生化学反应开始向后喷射出气体。这个过程可以等效为嫦小娥不停向后扔球的过程，嫦小娥就如同是火箭，火箭喷出的气体可以等效为扔去出的球。

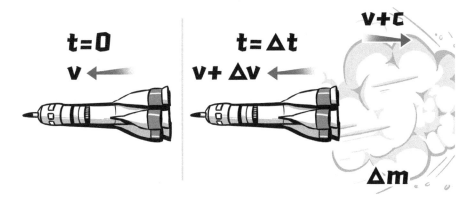

通过推导可以得到著名的理想火箭方程，也称作齐奥尔科夫斯基火箭方程。

硬核知识

$$V = C \times \ln\left(\frac{m_0}{m_1}\right)$$

式中，m_1 表示火箭没有装燃料时的质量，即航天里常说的**干重**；m_0 表示装完燃料后的质量，即航天里常说的**湿重**；V 表示火箭从静止到燃料消耗完达到的速度；C 表示火箭喷出气流的速度，与火箭运动方向相反。

这个方程好难啊！

方程看不懂也没关系，只要记住，火箭的速度由两方面决定：

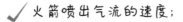

✓ 火箭喷出气流的速度；

✓ 火箭的湿重与干重的质量比。

这两个方面的数值越大，则火箭最后的速度越大。

那为什么称它为"理想"方程呢？

因为方程成立的前提条件是火箭和排出气体构成的系统没有任何外力的作用，这个理想状态在现实世界中是不可能存在的。

　　火箭在地面发射时要受到地球的引力、空气阻力等，但由于火箭喷射气体的作用力要远大于所受的外力，这一理想方程可以近似实际情况。

　　这个方程可以拓展到火箭飞行过程中的任意时段。只要把等号左边换成**火箭速度的增量**，并用火箭在点火前的初始质量和点火结束时的最终质量分别替代火箭的湿重和干重即可。

$$\Delta V = C \times \ln(\frac{m_{初始}}{m_{最终}})$$

式中，ΔV 表示速度增量；$m_{初始}$ 表示火箭点火前的初始质量；$m_{最终}$ 表示火箭点火结束后的质量。

虽然叫作火箭方程，但对于在太空中的卫星来说，由于所受外力较小，因此这个方程用于描述卫星发动机点火过程更加准确。**速度增量**是卫星设计中非常非常非常……（此处省略10万8千字）重要的概念！也是表征卫星能力最重要的指标之一，以后还要多次用到。

这个方程怎么带我们飞上太空呢？

根据理想火箭方程，要让火箭飞得快，就要尽可能提高火箭喷出气流的速度和火箭的湿重与干重的质量比。

提高火箭喷出气流的速度

决定喷出气流速度的重要因素是火箭燃料燃烧的性质。燃烧释放热量大的燃料喷出的速度就大，而液体燃料燃烧释放的热量比固体燃料大，而且固体火箭燃料燃烧效率低且不可靠，因此液体燃料更适合做火箭的燃料。

注：发动机的性能也是决定因素之一，后面再讲。

提高火箭的湿重与干重的质量比

火箭采用高强度、低密度的材料，尽可能地减少结构的质量，也就是火箭壳体越薄、越轻越好。

这两个办法在实际中还无法让火箭达到第一宇宙速度，进入太空。休息一下，下回接着讲。

考试不考的冷知识

齐老师在给《航空评论》杂志的信中，写下这样一句话：

"地球是人类的摇篮，但是人类不能永远生活在摇篮里，开始他将小心翼翼地穿出大气层，然后便去征服太阳系"。

这句话作为墓志铭刻在了齐老师的墓碑上，也镌刻到了一代代有志于从事航天事业、向往遨游太空的人们心中。

在他100周年诞辰之际，第一颗人造地球卫星上天；

过了4年，苏联人加加林实现了人类的第一次宇宙飞行；

又过了8年，美国人阿姆斯特朗把他的脚印留在了月球上；

再过了44年，一个叫旅行者1号的无人探测器飞到了太阳系边际。

这一切的起点都来自于

一个几乎失聪的人，

一个从未进入过中学与高等学校的人，

一个被人讥讽为"卡卢加的幻想家"的人，

一个不懈努力的人，

一位受人尊重的人，

现代宇宙航行学的奠基人——康斯坦丁·爱德华多维奇·齐奥尔科夫斯基。

上节课说道，齐老师对比了三种方法，最终确定火箭才是飞入太空的唯一手段，并推导出流芳千古的理想火箭方程。

根据火箭方程，提高火箭喷出气流的速度和火箭的湿重与干重的质量比就可以提高火箭的速度，进入太空。我这么理解行吗？

行……行……

太好啦！

行不通！

这是因为在实际应用中，提高这两方面的数值都有很大的难度。

即使使用地球上已知单位质量燃烧能量最大的液氢和液氧作推进剂，喷气速度也只能达到 4.2 千米 / 秒。这个速度看起来很快，但同质量比一起考虑的话，就远远不够了。

设想一个采用液氧和液氢作为燃料的火箭，考虑到空气阻力、地球引力等，火箭从地面起飞的速度应达到 9.5 千米 / 秒以上。根据理想火箭方程，可以得到火箭的质量比在 10 ： 1 左右，即燃料约占火箭总质量的 91%，火箭壳体只占 9%。

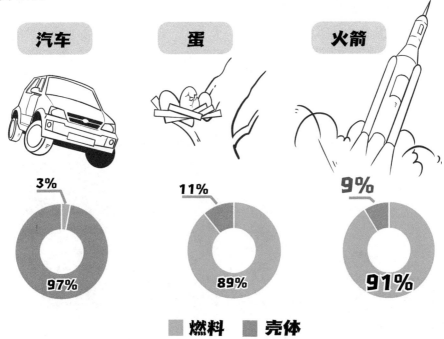

汽车　蛋　火箭

3%
97%

11%
89%

9%
91%

■ 燃料　■ 壳体

火箭要承受发射过程中的高温、高压和真空等恶劣环境，因此对结构的要求极高，这样"薄皮大馅"的火箭很难制造。

"薄皮大馅"
小河豚

这……
很有难度啊！

和机器人李一起探月球

一个不行，咱们就"组团"上！

就像多节火车车厢那样，把火箭分为多级，每一级都装有发动机和燃料，第一级火箭燃料用尽，就把它扔掉，以减轻负担；接着点燃第二级火箭，提高速度，几次加速以后，就可以达到第一宇宙速度了。

这就是著名的"火箭列车"的概念。

☆致敬《银河铁道999》（松本零士）

172

"火箭列车"有三种形式：

1.串联火箭

火箭各级串在一起。发射时，第一级（最下面一级）先点火，工作结束后将第一级抛掉，第二级再点火工作，以此类推。

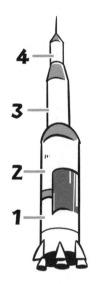

4
3
2
1

2.并联火箭
（捆绑式火箭）

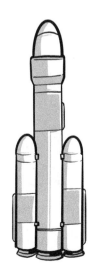

一枚比较大的火箭放在中间（芯级），周围捆绑了多枚小火箭（助推器）。助推器与芯级在地面一起点火，助推器工作一定时间后先关机，关机后与芯级分离并被抛掉。助推器因在芯级飞行的半路上关机，所以只能算是半级火箭。

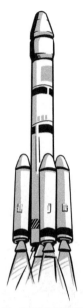

3. 串并联火箭

既有多级火箭串联在一起,一级火箭周围又捆绑了多枚助推器。

目前的火箭通常都是串联火箭或者串并联火箭。以中国长征系列火箭为例,已服役的长征火箭大家族主要包括长征一号到长征七号多个系列,每个系列中又有一定的区别,分别按照甲、乙、丙、丁等进行排序。

例如,长征二号丙火箭是二级运载火箭,包括两段火箭;长征三号甲火箭是三级运载火箭,包括三段火箭;而长征三号乙火箭则是在长征三号甲火箭基础上增加了 4 个助推器,可以算是 3.5 级火箭。

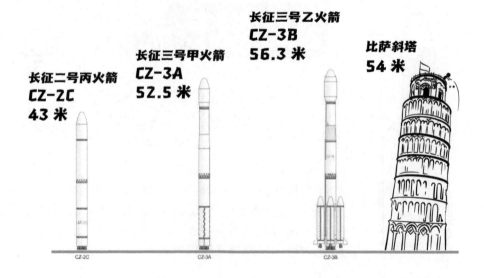

长征二号丙火箭
CZ-2C
43 米

长征三号甲火箭
CZ-3A
52.5 米

长征三号乙火箭
CZ-3B
56.3 米

比萨斜塔
54 米

那最后是要把火箭的最后一级送入太空吗？

不是哟。

在火箭最后一级的顶部，装载的是"火箭列车"真正的"乘客"，通常是卫星、探测器，或者是载人飞船、空间站等。

"火箭列车"最终目的是要把这些"乘客"以一定的高度和速度送入太空，进入预定轨道。使命完成后，最后一级火箭就黯然离去，坠入大气层，燃烧殆尽。

使命必达！

为了保护"乘客"，在"乘客"的外面会安装整流罩。整流罩是两片类似贝壳的结构。火箭在起飞前，两块"贝壳"合上，在地面保护航天器，保证航天器的温度、湿度和洁净度等；火箭起飞穿过大气层时，由于速度很快，同大气摩擦会产生较大的力和热，合上的"贝壳"使航天器免受影响。火箭飞出大气层后，"贝壳"分开、被抛离。

贝壳？

那火箭越多级数就越好呗?

非也。因为多级火箭的每一级都会包括燃料贮箱、发动机以及两级之间的连接分离机构等,级数越多这些多余的重量就会越大;同时,整个火箭就越复杂,可靠性也就会降低,因此一般而言火箭都是 2 级到 4 级。

火箭不同级的作用也不同,以三级火箭为例:

第一级火箭的关键是**推力**,要让火箭能飞起来,因此要求推力最大,如同汽车的一挡启动;

第二级、第三级火箭的关键是**加速**,因此要求燃料的燃烧效率尽可能高,尽快地提高速度,如同汽车挂上高挡位。

为了能够飞上太空,火箭可以说是名副其实的"大力士"。

通常火箭块头越大,推力就越大。中国的长征五号要比长征家族其他成员大了一号,因此也被称为"胖五",但是在国外诸多的"大胖子"面前,他也只能说"身材"苗条了。以波音 747 的推力为参考,对已服役的火箭的推力做一个对比。

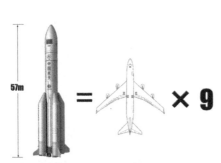

长征五号（Long March 5）
2016 年首飞
起飞推力：1100 吨

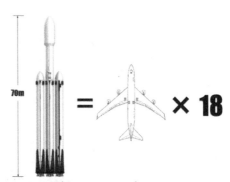

猎鹰重型（Falcon Heavy）
2018 年首飞
起飞推力：2280 吨

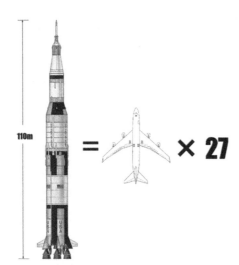

土星五号（Saturn V）
1967 年首飞
起飞推力：3400 吨

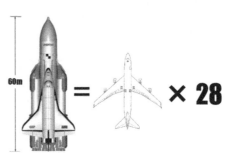

能源号（Energia）
1987 年首飞
起飞推力：3500 吨

在可预见的未来，NASA 的超重型运载火箭（SLS）的起飞推力可达 3800 吨，中国的长征九号火箭的起飞推力[1]将达到约 5900 吨。但 SpaceX 计划要将 100 人送到火星的星舰（Starship）火箭则更加可怕，起飞推力将达到惊人的 7300 吨。

① 研究中，起飞推力仅供参考。

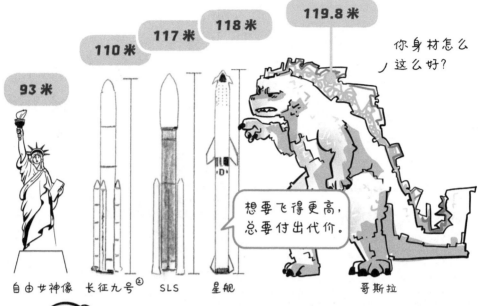

93 米 — 自由女神像

110 米 — 长征九号②

117 米 — SLS

118 米 — 星舰

119.8 米 — 哥斯拉

你身材怎么这么好?

想要飞得更高,总要付出代价。

以长征三号乙火箭将卫星送入标准的 GTO（地球同步转移轨道）为例，看看"火箭列车"各级分离的过程，拢共分 5 步！

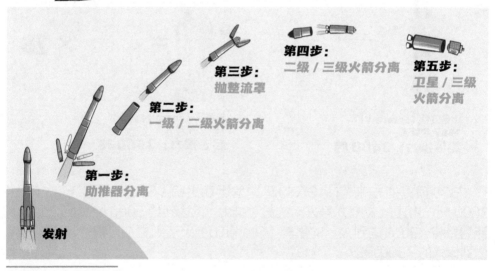

第一步: 助推器分离

第二步: 一级 / 二级火箭分离

第三步: 抛整流罩

第四步: 二级 / 三级火箭分离

第五步: 卫星 / 三级火箭分离

发射

② 研究中，高度仅供参考。

助推器发动机关机后，连接装置解锁，装在助推器上的"侧推"小火箭点火，将助推器迅速斜着推出去，防止同火箭芯级碰撞，助推器自由下落完成分离。

第一步：助推器分离

在一级火箭发动机关机后，二级火箭发动机点火，两级间的连接装置解锁，一级火箭就被二级火箭发动机喷出的气流推离，实现分离。

第二步：
一级／二级火箭分离

硬核知识

这就是所谓的**"热分离"**：

靠前面一级火箭发动机喷出的高温气流把后面一级火箭推开。前面一级火箭的发动机在两级火箭分离前就已经点火。

连接装置解锁，安装在三级火箭上的弹簧将两个整流罩半罩推开分离，两个整流罩半罩向下翻转，随着火箭上升分离下落。

第三步：抛整流罩

在二级火箭发动机关机后，两级间的连接装置解锁，二级火箭上的反推小火箭点火产生一个反向的力，二级火箭与三级火箭分离。然后，三级火箭发动机点火。

第四步：
二级／三级火箭分离

硬核知识

这就是所谓的**"冷分离"**：

靠后面一级火箭上的反推小火箭的推力把后面一级火箭推开。前面一级火箭的发动机要在两级火箭分开后才点火。

连接卫星和三级火箭的装置解锁，卫星被弹簧推离火箭，实现星箭分离，"火箭列车"至此才把"乘客"送抵终点。

第五步：
卫星／三级火箭分离

这节课快接近尾声了，但还有一种上天的方法，齐老师没有讲，那就是飞机。

4. 飞机可行吗？

飞机飞行是基于空气动力学，同火箭上天的原理差别较大。飞机在快速运动过程中，由于机翼形状的原因，机翼上方的气压要低于机翼下方的气压，压力差产生的升力克服了重力，使飞机飞上了天空。

简单来说，得有空气才飞得起来。

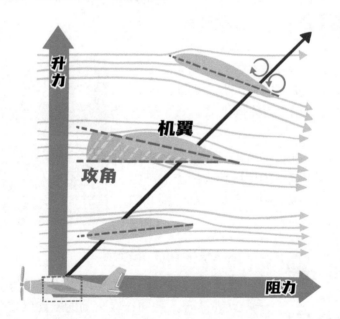

但是由于地球表面存在稠密大气，飞机飞行的速度越大，所受到的空气阻力也就越大，所以很难实现火箭般的高速飞行。

现在最快的飞机之一——X-43A 的速度约为 3.1 千米 / 秒，还不到第一宇宙速度的一半。如果要通过减少空气阻力提高飞机速度，只有先提高飞机的高度，以降低大气密度，然而当大气越来越稀薄时，飞机的原理就不适用了。

比较了这么多，让我们总结一下很多同学分不清的航天和航空的区别。

航空	航天
利用**空气动力学**的原理产生升力； 在**大气层内**飞行。	利用**牛顿第三定律**原理通过燃烧自身携带燃料向外喷射产生推力； 基于**万有引力定律**原理在**大气层外**飞行。

当然，也有集成了航空的飞机和航天的卫星特点的"两栖"飞行器——航天飞机和空天飞机。它们都需要借助火箭送入太空，既能在地球卫星轨道上飞行，又能通过飞机的原理在大气层中飞行，同时结束任务后还能像飞机一样飞回地面。

本节课的最后，再回到齐老师。齐老师一生都在搞理论研究，没有发射过一枚火箭，但是后世所有的火箭都基于他的理论。

在齐老师的努力下，人类补全了飞向太空理论的最后一块拼图，下面就可以放开手脚大干一场了。

是谁发射了人类的第一枚液体火箭？面对新生事物，吃瓜群众作何评价？我们下节课再见。

考试不考的冷知识

飞机无法飞出大气层，因此也就无法发射卫星。但如果把飞机和火箭相结合呢？这个脑洞大开的想法，惊喜不惊喜？震撼不震撼？其实，它早已被实现。

美国在1990年成功完成了首次空中发射火箭。一架B-52战略轰炸机（后来的空中发射更换为洛克希德 L-1011 运输机）代替火箭的第一级，搭载一枚飞马座固体小型火箭，成功将一颗海军导航卫星发射入轨。长15米、重18吨的飞马座小型火箭挂在机翼上，卫星装在火箭顶端。当飞机到达约12千米的高空，速度为980千米/时时，将火箭释放。5秒钟后，小型火箭点火。大约升至740千米的高度，火箭和卫星分离，卫星进入轨道。

这种方式具有很明显的优势：

起点低。无须专门的火箭发射台，在普通机场即可起飞。

周期短。一般火箭的发射准备工作需要几个月，而空中发射只要6个技术人员两星期就能组装完毕。

费用省。空中发射的费用是常规火箭的1/3。

这种方式也有局限性——无法发射尺寸、重量更大的卫星，并且无法将卫星送入高轨。

小火箭

这位乘客，大件行李还请托运。

地球是一个球体，朝向太阳的一面被照亮，也就是白天；背向太阳的一面是黑暗的，也就是夜晚。

在背向太阳的一面，不光是地球表面进入了黑夜，地球遮挡太阳光形成圆锥形的黑影也延伸到了太空之中。

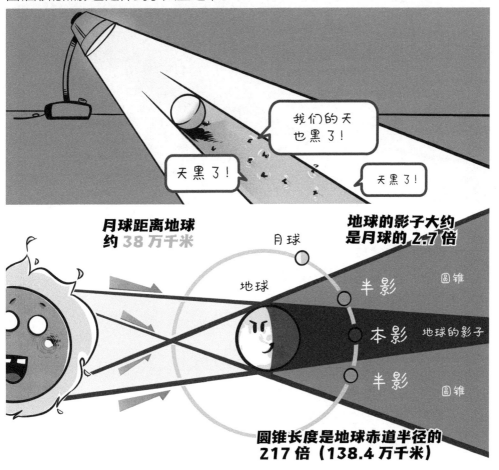

地球只遮挡了太阳部分的发光点，就形成了半影。月球进入半影，在地球上看到的还是完整的月球，但亮度会减弱；

地球遮挡了太阳所有的发光点，就形成了全影。月球进入全影后，在地球上看到的月球开始残缺，月食就开始了。

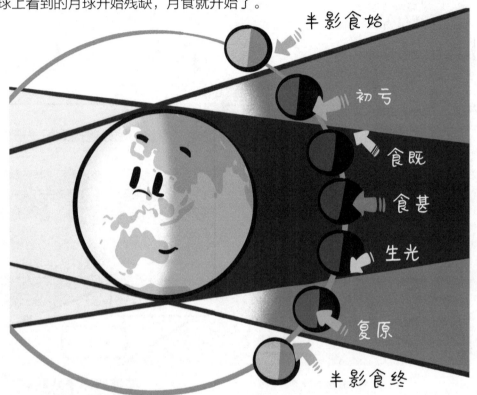

一次典型的月全食

(1) 半影食始：月球开始进入地球的半影，月球亮度变暗；

(2) 初亏：月球开始进入地球的本影；

(3) 食既：月球被地球的本影吞没；

(4) 食甚：太阳、地球、月球近似在一条直线上；

(5) 生光：月球开始从地球的本影中离开；

(6) 复原：月球完全离开本影；

(7) 半影食终：月球完全离开半影。

在农历每月的十五、十六，月球和太阳位于地球的两侧，处于相对的方向。如果太阳、地球和月球的中心大致在同一条直线上，就会发生月食。

每个月都有十五、十六，但月食也不是每个月都有啊?

月球围绕地球的轨道称为白道，地球围绕太阳的轨道称为黄道。白道和黄道并不在一个平面上，约有5°的夹角，因此只有当月球在黄道和白道交点附近进入地球的阴影才会形成月食。

通常一年会出现两次。

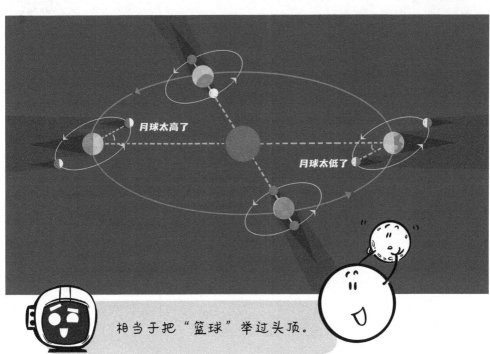

相当于把"篮球"举过头顶。

月食分为很多种类。

月球全部进入地球的本影内，也就是在食既和生光之间，会形成月全食。在月全食阶段，月球会变成神秘漂亮的"红月亮"。

难道是传说中的"血月"！

狼人

吸血鬼

红月亮是一种自然现象。

月球完全进入本影后，太阳光完全被地球所遮挡，照理说在地球上应完全看不到月球；但地球的大气层把太阳光折射在月球上，使之得以显现。

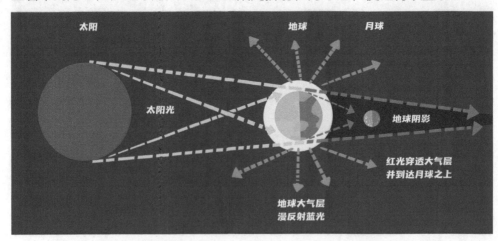

太阳　　　　　　地球　　月球

太阳光

地球阴影

红光穿透大气层并到达月球之上

地球大气层漫反射蓝光

太阳光是由不同波长的光组成，大气层会把波长较短的紫光、蓝光、绿光、黄光吸收或散射，波长较长的红光则可以穿透过去。于是只有红光到达月面，因此会出现"红月亮"。

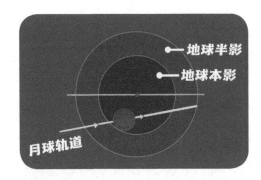

月全食

 当月球只有部分进入地球的本影时，就会出现月偏食。

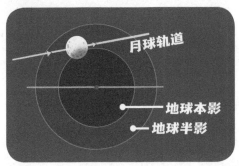

月偏食

 月球不进入本影而只进入半影，称作半影月食。半影月食期间，月面有一个从亮到暗，从暗恢复到亮的过程，用肉眼观察不太明显。

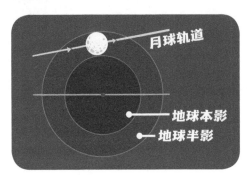

半影月食

197

来而不往非礼也，你挡我，我也拦你，这就是日食。月球也会遮挡太阳照向地球的光，这就形成了日食。

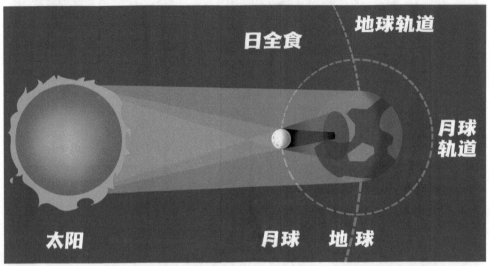

日全食　　　地球轨道

月球轨道

太阳　　　　　　月球　地球

日全食

日偏食

日环食

如果我站在月球上……嗯……

我们再换个角度想一下，地球上发生月食的时候，在月球上会看到什么景象？

中国的嫦娥三号着陆在月球的正面虹湾地区。当发生月食时，在月面上看到的现象类似于地球上看到的日食，太阳逐渐被遮挡又逐渐恢复。

这个小问题是热身，下面公布本节课的谜题！

第 5 道谜题：

中国的嫦娥四号着陆到了月球背面，那嫦娥四号经历月食会发生什么呢？

答案

由于月食只发生在农历的十五、十六，也就是月球处于满月的时候。

月球在满月时，月球正面受到阳光的照射，但是月球的背面却正好是阴影。也就是说发生月食的时候，月球背面的嫦娥四号正好处于夜晚，因此也就不会经历月食。

睡够了没！咱们快去月球正面看日食啊！！！

玉兔

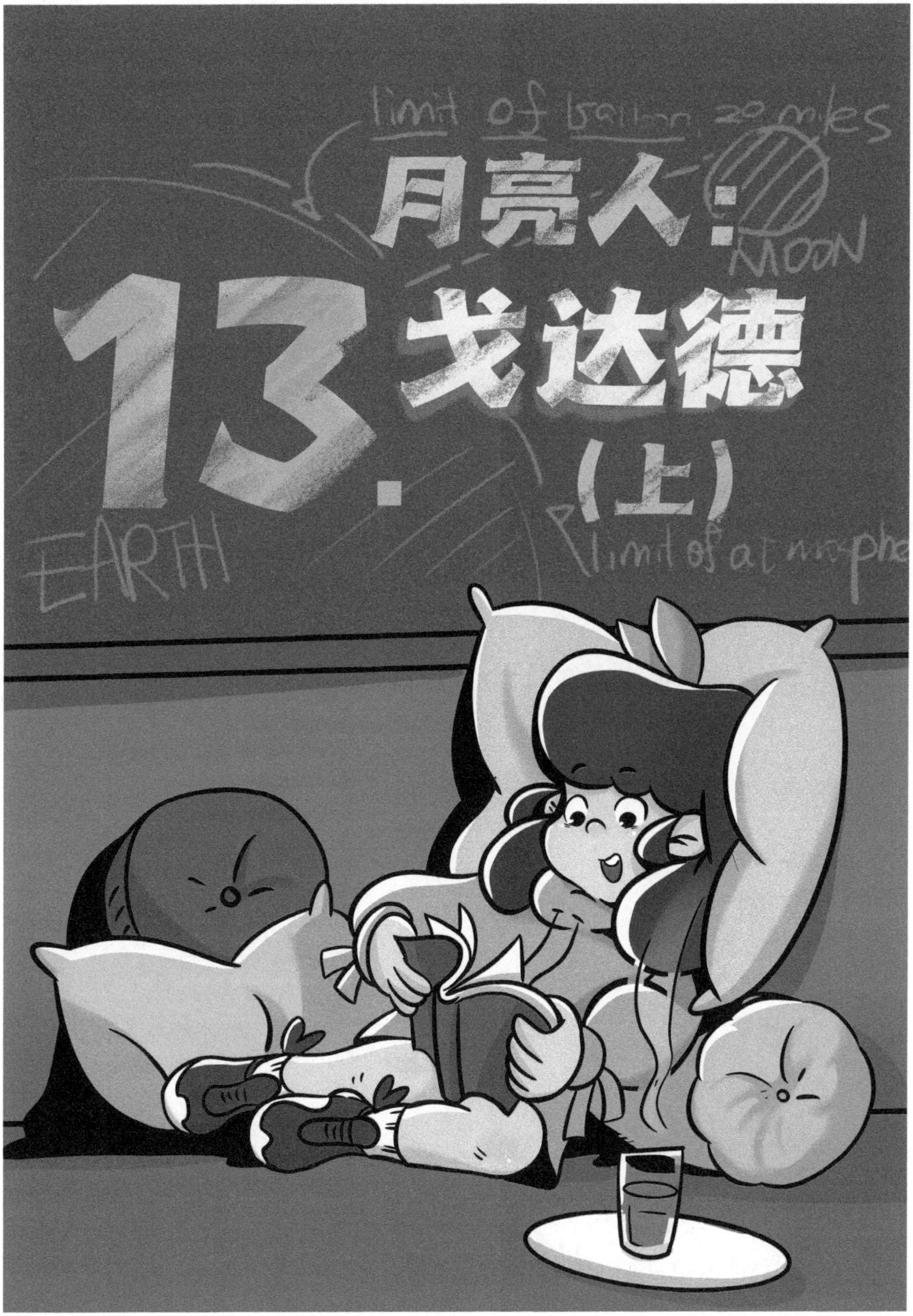

13.
月亮人：
戈达德
（上）
MOON
EARTH

1926 年 3 月 16 日

天气晴，微风

今天风小了，也暖和了，但外面的积雪仍然没有融化。罗伯特和埃丝特已经来了几天，他们搬来的瓶瓶罐罐把鸡窝都装满了。不管罗伯特是不是专门来看我这个姨妈的，我和猫猫们都很高兴，草莓农场很久没有来这么多客人了。不过，镇上的消防员不是很欢迎他们，说他们运来的汽油和什么氢都很危险，一定要照看好。

下午，他们终于把那个叫"发射架"的物件装好。大约 2 点半，罗伯特点燃了一个叫"火箭"的东西，天啦，声音太响了，我聋了的耳朵都听得"清清楚楚"。

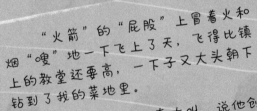

"火箭"的"屁股"上冒着火和烟"嗖"地一下飞上了天，飞得比镇上的教堂还要高，一下子又大头朝下钻到了我的菜地里。

罗伯特激动地一直大叫，说他创造了历史，我倒没觉得。如果来年菜地里长不出卷心菜，我可要找他算账。

202

这篇日记写的就是现代火箭的鼻祖——人类历史上第一个液体火箭的试验，日记中提到的罗伯特就是航天史上大名鼎鼎的罗伯特·戈达德（Robert Hutchings Goddard）。

戈达德到底有多牛呢？

这么说吧，各行各业都有自己的祖师爷，徒子徒孙总要拜一拜。做木匠活的要拜鲁班，造酒的拜杜康，行医的拜华佗，做臭豆腐的拜王致和，那研究火箭的就该……

和机器人李一起探月球

这？这是什么？

戈老师成为祖师爷都是后话，他在世的时候不但一点也不风光，处境还十分窘迫，科研经费经常捉襟见肘，时不时受到新闻媒体的挤兑，始终不被美国政府待见。在第二次世界大战德国宣布投降后的3个月之际，戈老因患喉癌悄然离世。直到那时，他的巨大价值才逐渐被人们发现。

请把德国V2火箭的制造技术给我们。

你们不知道戈达德吗？我们用它提出的原理研究制造的火箭。

他是我们的老师。

美国科学家　　　　德国科学家

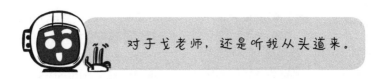

对于戈老师，还是听我从头道来。

戈老师开始同齐老师（齐奥尔科夫斯基）一样，进行火箭动力学的理论研究，但他不满足于"纸上谈兵"，于1911年点燃了一枚放在真空玻璃容器内的固体火箭，证明火箭能在真空中工作。

但在对固体火药进行性能试验之后，他彻底否定了这一道路——当时的火药**能量低、喷气速度慢、燃烧难控制**，而**液体燃料**恰好可以弥补**固态燃料**的缺点。然而，新式的液体火箭的研发需要大量资金，戈老师充分发挥了**"有条件要上，没有条件创造条件也要上"**的精神，甚至动用自家的积蓄和自己节省下的授课薪金开展工作。

一直到1917年，他才有幸得到史密森学会每年的5000美元（按照黄金购买力推算，约相当于现在的36万美元）的资助。此时，他已把家里的储蓄用光，甚至有一次火箭发射失败，火箭把他唯一所剩的老爷车也炸掉了。

1919 年，戈老师发表了题为《**到达超高空的方法**》的论文，论述了火箭理论，并预言火箭能够冲出地球引力的束缚而到达月球，甚至更遥远的太空。他还论述了往月球表面撒多少"发光粉"，地球上的望远镜才能看到（苏联的第一颗月球探测卫星实现了"发光粉"的想法，后面的课程会详述）。

戈老师的论文获得美国新闻媒体的"青睐"。1920 年 1 月 12 日，《纽约时报》头版刊出这样一条副标题极长的消息：

The New York Times

多级火箭可以到达月球

史密斯森学会授权宣布克拉克大学物理系罗伯特·戈达德教授探索高空大气的新发明——多级火箭能把探测仪器送到200英里高度，更大的火箭可以在月球上着陆。

戈达德教授显然不理解作用力和反作用力的原理。

在真空中是没有受力物体的，他连这些高中生该懂的知识都不知道。

美国各大媒体一边进行铺天盖地的夸大宣传，一边却又冷嘲热讽。记者们嘲笑他连高中的基本物理常识都不懂，整天痴人说梦，幻想着去月球旅行。

公众也对这位科学家的工作表示怀疑和不理解，无声电影时代的奥斯卡影后玛丽·碧克馥（Mary

请在飞赴月球的火箭上给我预留座位。

小姐姐，你好幽默呀。

Pickford) 致信戈老师, 对他进行嘲讽。

这一切都不能撼动内心强大的戈达德, 最好的办法是走自己的路, 对所有的质疑与嘲讽保持沉默。

墙内开花墙外香,**《到达超高空的方法》**的论文流传到欧洲特别是德国以后, 引起了圈内的轰动, 戈老师被誉为继齐老师之后的又一位火箭开创性研究者。

欧洲多个国家开启了火箭研究计划, 而德国是最为热衷的国家。因为德国作为第一次世界大战的战败国必须遵守**《凡尔赛条约》**, 不得装备各种重型武器、坦克、飞机和潜艇, 而起草该条约的人并未考虑火箭的发展, 因此火箭作为新式的远程武器巧妙避开条约的限制。20 世纪 30 年代初, 德国陆军军官沃尔特·多恩伯格 (Walter Dornberger) 招兵买马, 建设火箭试验场, 正式开启了火箭武器的研制之路。

多恩伯格

在德国、苏联等国家纷纷成立研制火箭的"国家队"之时, 由于美国民众认为火箭危害社区安全, 所以戈老师只能带着夫人和助手到处打"游击", 继续开展火箭的研究。

到了 1926 年，戈老师进行了开篇日记描述的那个历史性的试验。这枚火箭最大飞行高度 **12.5 米**，飞行距离 **56 米**，它的历史意义完全可以与 1903 年莱特兄弟的第一次飞机试飞媲美，但当时报纸却以**《月球火箭与目标相差 238799.5 英里》**为标题来嘲讽他。

这个标题是什么意思啊？

238799.5 英里换算成公制单位为 384310.5 千米，恰好为地月之间平均距离，也就是嘲讽戈达德的火箭飞得太低，根本不可能飞到月球。他们还谑称戈达德为"月亮人"（Moon man）、"火箭人"（Rocket man）。

1929 年 7 月，戈老师在马萨诸塞州的伍斯特附近发射了一枚更大的火箭，这枚火箭比最初那枚飞得更高。此外，火箭上还装载了气压表、温度计以及拍摄气压表和温度计的小型照相机，仪器由降落伞回收。它成为**世界上第一枚装载测量仪器的火箭**。

史密森学会的资助终止于 1929 年，正当戈老师再次为试验经费东奔西走时，情况出现了转机。第一个成功飞越大西洋的空中英雄查尔斯·林白（Charles Augustus Lindbergh）上校约见了戈老师。林白以他的知名度为戈老师募款，古根海姆基金会承诺：从 1930 年起，在 4 年内向戈老师提供 10 万美元的经费。戈老师为此辞去了大学教授的职务，全力以赴地研制火箭。

火箭将是实现宇宙航行的唯一推进工具，快速的不仅是火箭，而是你的观念！

查尔斯·林白

戈老师还在他姥妈的农场里做试验吗？

当然不在了。

罗斯威尔试验场

在 1930 年，他们搬到新墨西哥州**罗斯威尔**，那里后来由于著名的**"外星人UFO坠毁"**事件而举世闻名。他与他的团队在那里几乎与世隔绝地秘密地进行研究。

此后几年，在这个火箭试验场，他先后设计了**四大系列火箭**，进行过**31次火箭发射**。火箭的速度超过声速，高度可升高到 2000 多米。

戈老师一生共获得**214项专利**，其中 131 项是在他去世后由他的夫人（**日记里的埃丝特女士**）所申请。

戈老师去世后，他在火箭理论和实践所积累的大量资料和经验，为现代火箭技术的发展铺就了坚实的道路，人们将亏欠他的荣誉一项一项还给他：

1960 年，埃丝特女士和古根海姆基金会收到了美国政府为使用戈达德专利所支付的 100 万美元。

1961 年 3 月 16 日，第一枚液体火箭试飞成功整整 35 年后，以戈达德名字命名的 NASA 大型研究中心**"戈达德航天中心"**正式落成。

1969 年 7 月 17 日，阿波罗 11 号升空的第二天，《纽约时报》发表了一份迟到了 49 年的勘误声明，为当年嘲讽戈达德的文章道歉。

时间快进到 21 世纪，回首那些冷嘲热讽，正说明了嘲讽者的无知与渺小，更加反衬出戈老师的伟大。

罗伯特 · 戈达德（图片来源：美国国家航空航天博物馆、史密森学会）

他走在了时代的前面，走在了人类的前面。

（本文中日记纯属虚构，如有雷同，纯属巧合。）

考试不考的冷知识

有人追名，有人逐利，而当年那个站在毕业典礼讲台上的青涩小伙子的豪言壮语，就注定了他穷其一生去追求真理。

齐老师最早提出液体火箭的概念，而戈老师第一个发射了液体火箭。下面有请戈老师讲讲火箭的故事！

从千年前的"窜天猴"到如今千吨重的巨型火箭，基本原理是一样的，都是利用内部燃料燃烧向外喷射物质，从而使自身向相反方向运动。

为了让火箭飞得更高、速度更快，火箭与燃料这对组合共同发展，火箭的历史也可以看成是人类驯服能量更大燃料的历史。

让我们回到一千多年前，先来说说第一对组合。

古代"火箭"和"小黑"

中国古代"火箭"最早的记录见于《宋史》。这种"火箭"是在箭杆前端绑上火药筒，点燃后利用火药筒产生的推力把箭射出。相对于一般弓箭，"火箭"的射程和杀伤力都大大提升。

我是小黑，请多关照！

　　历经宋、金、元、明、清，古代的"火箭"由单发发射发展为多发齐射，样式也多种多样，如流星箭、飞刀箭、神机箭、五虎出穴箭、百齐奔箭、一窝蜂、火龙出水等，这些名字起得是不是很有画面感！

明朝军事著作《武备志》插图

一窝蜂

　　"火箭"的燃料是中国古代四大发明之一——黑火药。黑火药由炼丹人在炼丹过程中意外发现。它是由不同原料组成的混合物，配方就是化学老师口中的"魔咒"："一硫（黄）二硝（酸钾）三木炭"。

师父，这回炼的不是猴子，为什么也会爆炸？

……

$$S+2KNO_3+3C \xrightarrow{\text{点燃}} K_2S + N_2\uparrow + 3CO_2\uparrow$$

黑火药流传了上千年。人们一开始拿它做烟花爆竹欢庆节日，后来用于战争，成为致命武器，并由中国走向了世界。

从采石之战中大胜金军的南宋文臣虞允文，

再到横扫欧洲的蒙古大军，

从攻陷君士坦丁堡的奥斯曼帝国，

再到使用前膛枪的美国南北战争双方，

一样的配方、一样的味道。

1161 年的采石之战

随着工业革命的车轮滚滚向前，科学的力量让古代"火箭"升级为能够把人类送上太空、送上月球的现代火箭。按照使用的燃料为固体还是液体，现代火箭可分为固体火箭和液体火箭。

下面再来说说第二对组合。

固体火箭和"大黄"

哟！请叫我大黄。

鞭炮的火药确实是黑颜色的，但就叫火药不行吗？

这是因为要把黑火药和另外一种火药区分开来。

科学家发明了一种黄色结晶体的化合物火药，人称"黄火药"。瑞典科学家诺贝尔将其不断改进，最终制成了可安全生产和运输的硝化甘油炸药。黑火药燃烧能量低而且敏感易爆，而黄火药燃烧能量大且安全可靠。黄火药的代表、人称炸药之王的 TNT（三硝基甲苯）是黑火药威力的数倍。

	释放 4200 千焦的能量	释放 800 千焦的能量	
1千克 TNT	气体体积瞬间膨胀 700 升	气体体积瞬间膨胀 280 升	**1千克 黑火药**
	冲击波速度约 7000 米/秒	冲击波速度约 500 米/秒	

黄火药的成功犹如打开了潘多拉魔盒，让科学家意识到现代工业的巨大力量。黄火药在军事和采矿领域主要用于爆破，而为了用于火箭，各种新的配方不断涌现。

从现在开始，让我们用一个更专业的词——"推进剂"来称呼火箭的燃料。

固体火箭的推进剂早期采用"硝化棉 + 硝化甘油"，人称双基推进剂；后来科学家在高氯酸铵中加入铝粉末来提升燃烧的能量，这种推进剂被称为复合推进剂。至今，固体推进剂也主要是在这两类基础上不断被改进。

推进剂非常重要，但仅有推进剂还不够，还要把推进剂的能量最大程度地释放出来，这就需要现代火箭最重要的组成、号称火箭"心脏"的发动机来大展拳脚了！

硬核知识

无论是汽车发动机还是火箭发动机，本质上都是能量转换，但二者有所区别。

汽车发动机：汽油在其内部燃烧，汽油的化学能转换为热能；产生的高温高压气体推动活塞运动，将热能转化成动能，产生的力带动车轮转动。

火箭发动机：推进剂在其内部燃烧，推进剂的化学能转化为热能；燃烧产生的气体从发动机喷嘴喷出，将热能转化为动能，反作用力推动火箭运动。

固体火箭发动机的组成比较简单，药柱（固体火箭推进剂通常称为药柱）位于发动机的内部。点燃中间的药柱，药柱燃烧后产生大量高温气体，从而推动火箭前进。

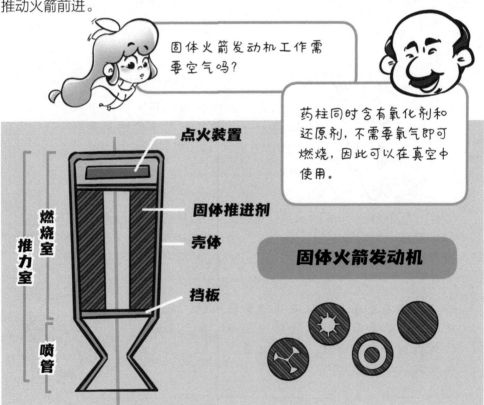

固体火箭发动机工作需要空气吗？

药柱同时含有氧化剂和还原剂，不需要氧气即可燃烧，因此可以在真空中使用。

点火装置

固体推进剂

壳体

挡板

燃烧室

推力室

喷管

固体火箭发动机

早期固体火箭由于推进剂燃烧效率低，无法将卫星送入太空，因此主要用于导弹武器领域，例如鼎鼎大名的喀秋莎火箭弹就是固体火箭。

当然，随着固体推进剂技术的进步，现在的火箭也可以将重量较小的卫星送入距离地球较近的轨道，例如我国 2015 年首飞的长征十一号运载火箭就是全固体运载火箭。

 但总体来说，将卫星送入太空主要采用液体火箭。

 这么说不够准确，原因一会儿再说。

最后说一下第三对组合。

液体火箭和"燃烧的血液"

 液体火箭的推进剂自然都是液体，通常包括氧化剂和燃烧剂两部分。在介绍推进剂之前，我们先来说说液体火箭的系统。液体火箭内部非常复杂，简单来说类似于洗浴系统。

洗浴系统

洗浴系统工作时，水箱中的热水和冷水流经两个水管在喷头处汇合，喷流出来。

冷　热

液体火箭推进系统

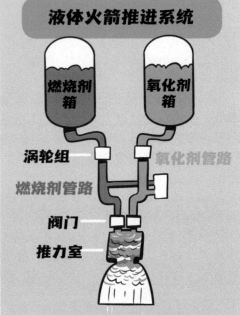

燃烧剂箱　　氧化剂箱

涡轮组　　　氧化剂管路

燃烧剂管路

阀门

推力室

发动机点火时，把两个管路的阀门同时打开，让氧化剂和燃烧剂在发动机处汇合，两者在燃烧室发生燃烧，体积膨胀并喷射出去，这样就形成了推力。

液体发动机的正确打开方式

天啊！快关闭火箭！

没戴眼镜，走错地方了。

ON

如果想让液体火箭停止工作，只要把阀门关闭即可。下次点火就再把阀门打开，只要推进剂没有用完，就可以重复多次使用。

当然，并不是所有的氧化剂和燃烧剂接触后都会自燃，如液氧和液氢就需要点火器才行，就像汽车发动机点火需要火花塞一样。

上述液体火箭推进系统被称为双组元液体推进系统，还有一种相对简单的单组元液体发动机，顾名思义，单组元发动机只用一种推进剂。

燃烧通常需要氧化剂和燃烧剂，单组元推进剂如何燃烧呢？

这个问题问得好。

单组元推进剂燃烧靠的是催化剂。单组元推进剂的化学性质不稳定，遇到催化剂后容易分解，分解过程释放出大量热量。推进剂通常可采用过氧化氢，即消毒用的双氧水，只不过浓度在 85% 以上。为了提高推进系统的工作效率，单组元推进剂还可以采用肼。

这字念啥？

跟我念一
"jǐng"

肼

剧毒危险

戈老师，您当年使用的是哪种推进剂？

我使用的是汽油和液氧。后来科学家为了提高比冲，尝试了各种推进剂组合。

航天煤油，并非煤油灯的煤油

居家必备

剧毒勿碰

绿色环保

偏二甲肼
肼
液氟

最终液氢和液氧脱颖而出，比冲[1]超过 460 秒，而且无毒无污染，成为了航天界的宠儿。液氢和液氧释放的能量是 TNT 炸药的 5.4 倍，燃烧速度是液氧和汽油燃烧速度的 9 倍。

不同液体推进剂的比较

氧化剂	燃烧剂	混合比	理论真空比冲（秒）
液氧	煤油	3.07	367.2
液氧	92% 酒精	1.73	357.1
90% 过氧化氢	煤油	7.24	319.2
四氧化二氮	偏二甲肼	2.64	347.2
四氧化二氮	肼	1.29	349.5
液氧	液氢	6	463.4
液氧	甲烷	3.5	379.0
液氟	液氢	13.2	490.7

① 比冲是用于衡量火箭或卫星推进系统效率的参数，后面课程将详细介绍。

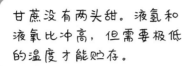

甘蔗没有两头甜。液氢和液氧比冲高，但需要极低的温度才能贮存。

哎呀——

放在我家冰箱的冷冻层里不行吗？

冰箱的冷冻室通常只有−18℃，而液氢的沸点为−253℃，液氧的沸点为−183℃，如果高于这个温度液氢和液氧就会变成气体。

硬核知识

火箭对重量要求非常严苛，所以火箭上装推进剂的贮箱基本都没有安装主动冷却系统，只能尽量保温。

但是，贮箱保温再好随着时间增长温度也会上升，因此贮箱不能完全封闭，否则不断蒸发的气体会导致内部压力过大而爆炸。

实际上液氢和液氧都是在发射1天前才加注到火箭内，从那时起贮箱就开始不断漏气泄压，必须不断通过管路补充推进剂直到发射前的最后一刻。

长征五号

这是水烧开了吗？

此外，液氢是宇宙中密度最小的液体，只有 70 千克/米³左右。大家对这个数字可能没有概念，我们一比便知。

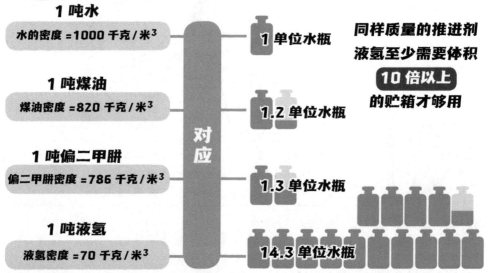

1 吨水
水的密度 =1000 千克/米³

1 吨煤油
煤油密度 =820 千克/米³

1 吨偏二甲肼
偏二甲肼密度 =786 千克/米³

1 吨液氢
液氢密度 =70 千克/米³

对应

1 单位水瓶

1.2 单位水瓶

1.3 单位水瓶

14.3 单位水瓶

同样质量的推进剂液氢至少需要体积 **10 倍以上** 的贮箱才够用

20 世纪 50 年代，美国研制出第一台液氢液氧火箭发动机，随后用在土星 5 号火箭的第二级、第三级上，发射了载人登月的阿波罗飞船。号称世界上最为复杂的航天飞行系统的航天飞机，发射时采用的推进剂也是液氢和液氧。

奋进号航天飞机

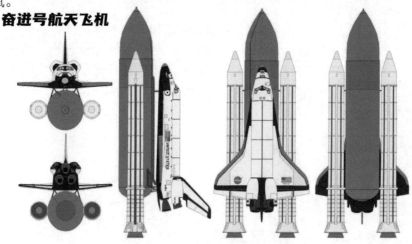

奋进号航天飞机（图片来源：NASA）

发射航天飞机时，中间那个巨大的橙色的东西不是火箭，而是火箭的贮箱，存储液氢和液氧。由于所需推进剂较多，而液氢和液氧体积又大，无法放到航天飞机里，因此只能单独做成"外挂"。

中型火箭多在第三级上使用液氢液氧推进剂，如中国的长征三号火箭；而用于火箭一级的大推力液氢液氧发动机研制难度极大，目前在大型火箭中，美国的德尔塔 4 号、欧洲航天局的阿丽亚娜 5 号、日本的 H-IIB 和中国的长征五号火箭一级、二级和三级（如有）均采用液氢液氧发动机。

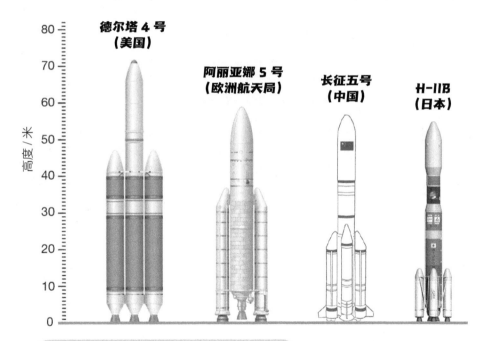

如果说发动机是火箭的心脏，那么液体推进剂就如同火箭的血液，关于液体火箭我们后面还会慢慢聊。

固体火箭 VS 液体火箭

说了这么多，固体火箭和液体火箭……

到底哪种更好呢？

事物之间比较首先要确定一个衡量的指标。比如，比身高就用人的高度来比较；比体重就用人的重量来比较。

下面通过不同指标进行比较。

1. 工作次数

早期的固体火箭一旦点燃就无法停止，燃料燃烧完毕，火箭也就没有了推力。

那固体火箭岂不就是"一锤子买卖"？

箭哥！
停一下撒！
我晕"箭"！

液体火箭的发动机打开和关闭，只需要控制推进剂流动的阀门即可，因此可实现多次点火。随着阻燃剂的发明，固体火箭虽然还没能实现液体火箭那么灵活，但也可以实现多次启动。

我的座右铭是：
燃烧自己，一路到底！

2. 效率

固体火箭的效率是它的
"先天不足"。

齐老师讲过，提高火箭速度最重要的方法是提高火箭喷出气流的速度，而决定这个速度的重要因素是火箭的推进剂：燃烧释放热量大的推进剂，喷出气流的速度就大，而液体推进剂释放的能量要远大于固体推进剂。

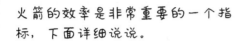

火箭的效率是非常重要的一个指标，下面详细说说。

火箭的目标是要把自身加速到一定的速度和一定的高度，从而让其携带的卫星获得一定的速度（至少达到第一宇宙速度）和到达一定的高度。

根据基本的物理知识，要让物体获得指定的速度，就需要在这个物体上施加持续一定时间和一定大小的力，这定义为火箭的总冲量 I，可简化为火箭的平均推力 F 与推力持续时间的乘积 t，即

$$I = F \times t$$

火箭提供的最大能力用总冲量表示，而火箭的效率用单位重量的推进剂产生的冲量来表示，即总冲量 / 消耗推进剂重量，称之为比冲。一般来讲，比冲可以看成是单位重量推进剂产生单位推力可以持续的时间。

$$I_{sp} = \frac{I}{\Delta m g_0}$$

硬核知识

I_{sp} 表示比冲（秒）；

I 表示总冲量（牛·秒）；

Δm 表示推进剂质量变化（千克）；

g_0 表示地球表面的重力加速度（9.81 米/秒^2）。

将该公式带入到齐老师的火箭方程，可以得到：

$$\Delta V = I_{sp}g_0 \ln(\frac{m_{初始}}{m_{最终}})$$

$I_{sp}g_0$ 是火箭发动机喷口的喷流速度，这个公式表示：火箭发动机比冲越大，给定推进剂能够提供的速度增量就越大，效率就越高。比冲大小与发动机的推进剂化学能、燃烧效率和喷管效率相关。

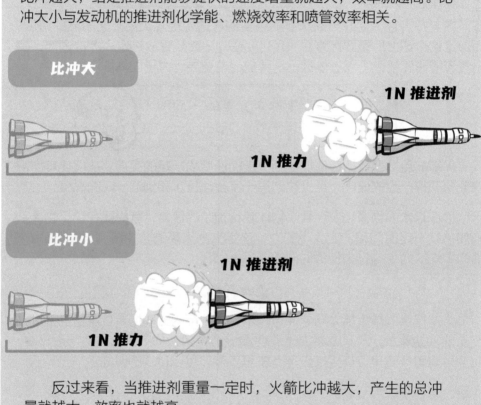

反过来看，当推进剂重量一定时，火箭比冲越大，产生的总冲量就越大，效率也就越高。

打个比方，如果两辆重量一样的汽车，装有一样功率的发动机，一起加速行驶，当消耗相同的汽油时，自然是行驶时间更长、速度更快的汽车效率更高。

那固体火箭和液体火箭的比冲谁更大呢？

固体？ 液体？

固体火箭发动机的比冲在200~300秒，而液体火箭发动机的比冲通常在250~460秒。可见液体火箭还是要更胜一筹。

3. 推力

同等规模下，固体火箭比液体火箭推力大，因此通常用于火箭一级的助推器，提供火箭刚起飞时的巨大推力。

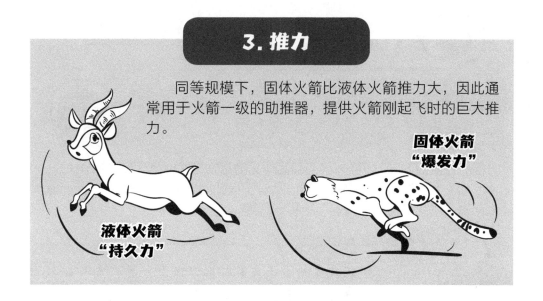

液体火箭"持久力"

固体火箭"爆发力"

4. 存储

固体火箭生产完成后，固体推进剂就固化在火箭内部，存储个几年没问题。而由于液体易挥发，因此液体火箭在临发射前才把液体推进剂加注到火箭内部，一旦加注，原则上就必须按时发射。

5. 准备

如果想发射，固体火箭最快可以在 24 小时内准备完毕，而液体火箭在发射前通常要经过一个月左右的准备。

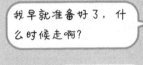

比了这么多，很难说孰优孰劣，要看是不是能满足实际应用的需求。

嗯，我前面提到的"将卫星送入太空主要采用液体火箭"的说法不够严谨。

因为在发射卫星时，液体火箭和固体火箭常常搭配使用，取二者的长处。固体火箭主要用在运载火箭助推器以及一些运载能力要求较小的情况；而液体火箭用于运载火箭的一级、二级和三级等。

液体火箭和固体火箭都属于化学火箭，除此之外还有冷气火箭、太阳能火箭、热电能火箭，还有就是能量最大的核能火箭。今天就讲到这里，有机会后面再谈。

戈老师是人类进入太空的探路者，但好戏才刚刚拉开帷幕。第二次世界大战的爆发大大推进了火箭技术的发展，正所谓"沧海横流方显英雄本色"，更多精彩内容下节课再聊。

考试不考的冷知识

戈老师在农场发射火箭是非常危险的，万一点燃了花花草草就不好了。今天教大家制作一种安全的新式"火箭"。

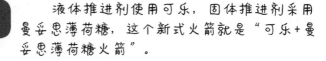

固液混合式火箭

制作方法

液体推进剂使用可乐，固体推进剂采用曼妥思薄荷糖，这个新式火箭就是"可乐+曼妥思薄荷糖火箭"。

把这个火箭发射上天很简单，拢共需要以下三步。

①打开可乐瓶盖。

②把曼妥思薄荷糖放进可乐瓶。

③把可乐瓶倒过来。

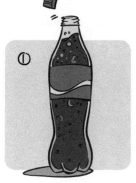

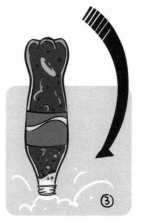

一个可乐瓶，不，一个"火箭"就冉冉升空了。

和机器人李一起探月球

虽然这个"山寨火箭"只能飞到几十米的高度，但原理同货真价实的火箭是一样一样的。

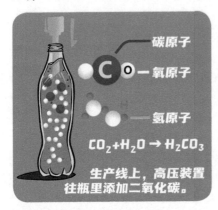

（1）二氧化碳溶解在水中，和水反应生成碳酸。

（2）可乐中过饱和的碳酸会慢慢分解出二氧化碳气体。

（3）水分子之间比较紧凑，二氧化碳必须找到水分子的空隙才可以形成气泡。通常水中的杂质、瓶子的凸凹不平位置都会提供这种空间。

（4）曼妥思薄荷糖表面非常粗糙，为二氧化碳的释放提供了大量的空间，瞬间产生的大量气体就会反推可乐瓶向上飞去。

最后友情提示：虽然发射过程比较安全，但也要在室外空旷场地进行哦！

232

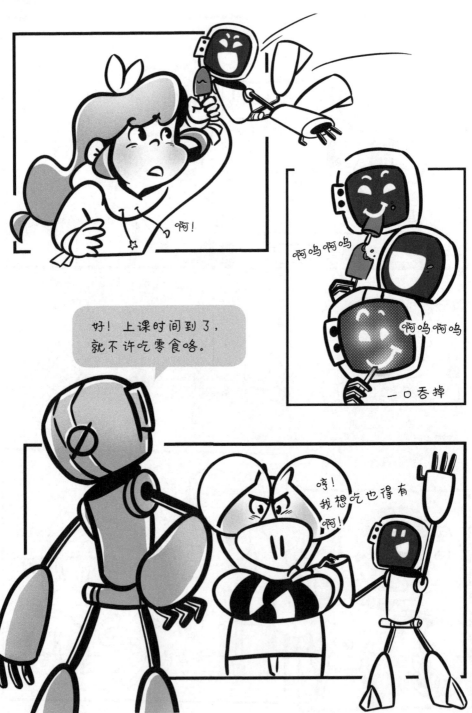

咳咳!

这节课我们学习一下关于月球的正面与背面的知识,刚才猪小戒和我的运动就像是月球和地球的运动!

月球为什么只把正面朝向地球呢?

我知道!我知道!这是月球自转的周期与公转的周期一样造成的,二者都约为 28 天(27.32 天)。

还是不懂……

咚!

哦哦哦!原来是这样啊!

万有引力的大小与物体间距离的平方成反比，距离越远，引力越弱。

$$F = G\frac{Mm}{r^2}$$

地球表面的箭头表示月球在地球表面给定点施加的引力与月球在地球中心施加的引力差值的方向。这些力使地球表面不同位置的海水向不同方向运动，有的位置凸起，也就是涨潮；有的位置凹陷，也就是落潮，这个力称为潮汐力。

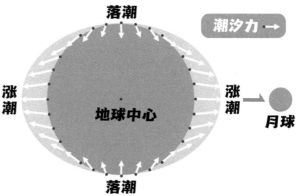

同理，月球表面不同位置也受到来自地球的潮汐力，但因为月球表面没有海水，所以无法明显观察到。

月球在潮汐力的作用下不再是个正球形，而是在地月连线方向被略微拉长，即月球被"挤扁"，由正球形变为椭球形。

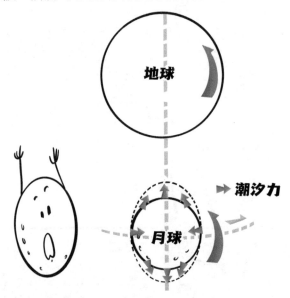

月球只要自转速度与公转速度不一致，就会导致潮汐力的方向偏离月球与地球的连线方向，产生的扭转的力就会减缓或者加快月球的自转速度。

在月球形成之初，月球自转比现在快得多，潮汐力的方向相对于地月连线始终在变化，导致潮汐力在减慢月球的自转速度，慢慢把月球"拉回"到潮汐力方向在地月连线上的稳定状态，效果就是月球的自转与公转周期相同。

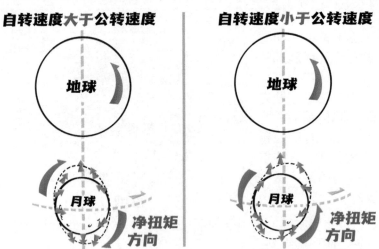

实际上，地球还受到来自太阳的潮汐力。地球上的潮汐现象是来自太阳的潮汐力和来自月球的潮汐力共同作用的结果。

因为地球比月球质量大太多，月球目前还没能把地球潮汐锁定，但潮汐力使地球的自转速度逐渐减慢。

几十亿年前
自转周期
8 小时

现在
自转周期
24 小时

100 亿年后
自转周期
43 天

100 亿年后将实现潮汐锁定，不过人类无法看到这个景象，因为太阳已演化为红巨星，把地球吞噬了。

吞噬！

由于地球和月球组成的系统要保持一定的平衡，地球自转速度变慢，导致月球的公转速度增加，进而使月球远离地球。

潮汐锁定在太阳系里是一个非常普遍的现象。

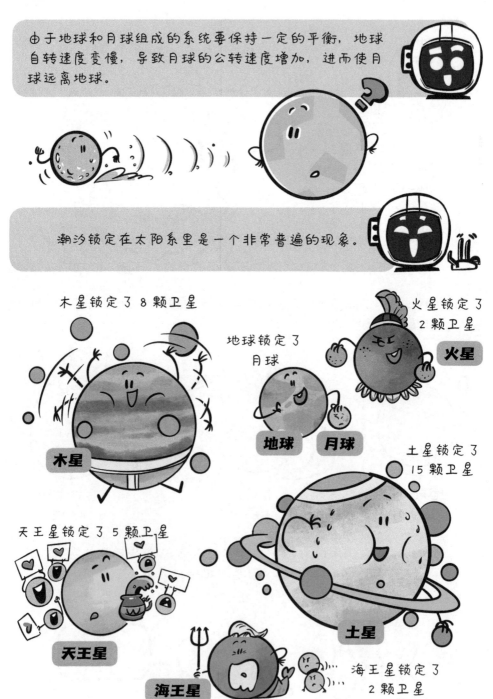

木星锁定了 8 颗卫星

木星

地球锁定了
月球

地球　　月球

火星锁定了
2 颗卫星

火星

土星锁定了
15 颗卫星

土星

天王星锁定了 5 颗卫星

天王星

海王星锁定了
2 颗卫星

海王星

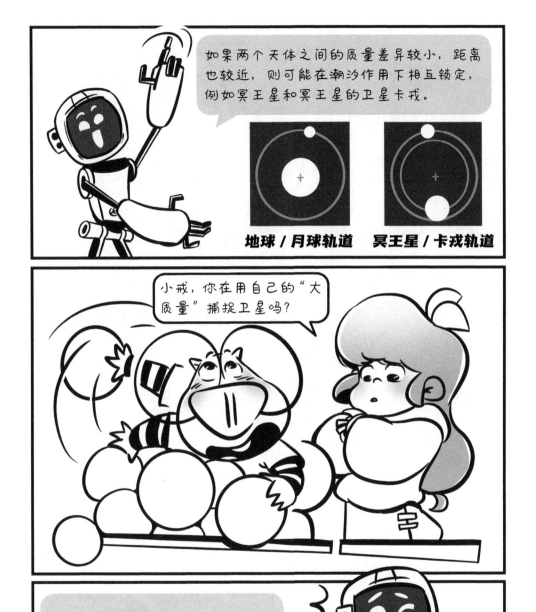

如果两个天体之间的质量差异较小，距离也较近，则可能在潮汐作用下相互锁定，例如冥王星和冥王星的卫星卡戎。

地球／月球轨道　　**冥王星／卡戎轨道**

小戎，你在用自己的"大质量"捕捉卫星吗？

今天就讲到这里，下课！

哈哈哈

第 6 道谜题：

在地球上能观察到月球表面积的 50%，对吗？

答案

错误。

月球本身存在天平动（Libration，由于轨道自转轴、离心率等微小变化引起的月球周期性摆动），地球上实际能观察到比月球表面积的50%要多一点（约59%），这使我们能看到月球背面的东方海。

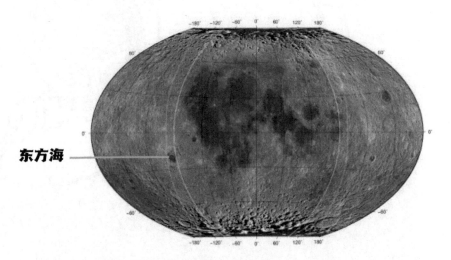

东方海

绿线包围的区域是由于天平动在地球上实际看到月球表面范围；黄线包围的区域是如果没有天平动地球上可见的月球表面范围。月球背面的东方海由于天平动恰好进入了地球的视野。

类似于我们正视一个人的脸，如果一个人在摇头和点头，我们就可以看到头顶、侧脸、下颌更多的部分。

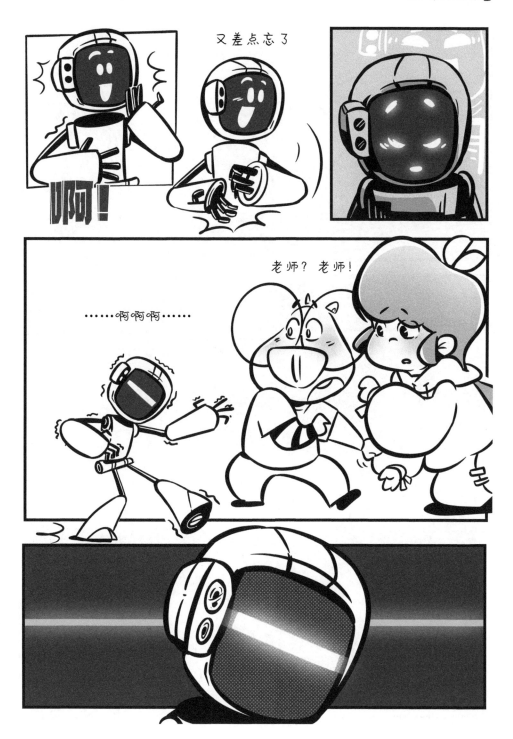

我们将在下次新课程中继续回答问题，寻找线索！

敬请期待！